Java Web 设计和应用研究

刘丽华◎著

电子科技大学出版社
University of Electronic Science and Technology of China Press
·成都·

图书在版编目（CIP）数据

Java Web设计和应用研究 / 刘丽华著. — 成都：电子科技大学出版社，2023.9

ISBN 978-7-5770-0327-6

Ⅰ. ①J… Ⅱ. ①刘… Ⅲ. ①JAVA语言-程序设计-研究 Ⅳ. ①TP312.8

中国国家版本馆CIP数据核字（2023）第113451号

Java Web 设计和应用研究
Java Web SHEJI HE YINGYONG YANJIU
刘丽华　著

策划编辑　李述娜　杜　倩
责任编辑　李述娜
责任校对　李雨纾
责任印制　梁　硕

出版发行　电子科技大学出版社
成都市一环路东一段159号电子信息产业大厦九楼　邮编　610051
主　　页　www.uestcp.com.cn
服务电话　028-83203399
邮购电话　028-83201495

印　　刷　石家庄汇展印刷有限公司
成品尺寸　170mm×240mm
印　　张　14
字　　数　228千字
版　　次　2023年9月第1版
印　　次　2023年9月第1次印刷
书　　号　ISBN 978-7-5770-0327-6
定　　价　78.00元

前　言

目前，Java Web技术在企业项目开发中的应用越来越普遍，围绕Java衍生的Web核心技术、Java Web开发框架、Java Web设计模型逐渐成为网站和页面开发的主流技术。因此，开发人员和相关专业的学生有必要学习和掌握Java Web设计和应用的技术原理、基础知识、核心技术等，进而更好地满足当前互联网行业和社会的需求，开发出效果更好的Web应用。

本书以Java Web技术为核心，详细、系统地介绍了Java Web的基础并对Java Web应用开发技术进行了探讨和研究，为开发Web应用程序提供了新的开发思路和方案。

第一章为概述，主要介绍Web技术基础，包括Web的概念、Web技术的类型、Web技术的发展历程等，并在此基础上阐述Java Web开发模式、Java Web应用服务器，重点介绍搭建Java Web开发环境的步骤和方法，旨在帮助读者更好地开发Java Web应用程序。

第二章主要讲解和介绍Java Web基础，阐述HTML语言与应用，重点介绍HTML语言的常用标签；阐述CSS基础知识与应用，包括CSS的特点、CSS的选择器以及CSS的引用，旨在帮助读者编写简单的静态网页；在上述基础上分析JavaScript的特点和内容，以及JavaScript语句和函数的应用等，旨在帮助读者掌握编写静态网页的方法和关键点。

第三章主要分析和讲解Servlet技术和应用。Servlet技术作为可以扩展Web服务器功能的重要技术，可以编写简单的动态网页，是开发人员必须掌握的技术之一。本章主要介绍 Servlet 技术的概念和特点、Servlet 的创建和运行、Servlet 体系结构和常用 API，并在此基础之上，探讨 Servlet 应用实例，以便更好地帮助读者掌握 Servlet 的用法。

第四章主要介绍 JSP 技术和应用，具体包括 JSP 的起源和发展、JSP 基本语法、JSP 内置对象的类型、EL 表达式及其应用、JSTL 标签库等基础知识。在介绍这些基础知识的同时，本章分析 JSP 在开发应用程序时的应用和相关案例，旨在帮助读者更好地掌握和应用 JSP 技术编写应用程序的方法。

第五章主要讲解 JavaBean 技术和动作元素，包括 JavaBean 的组成和属性、JavaBean 的作用域、JavaBean 在 JSP 中的调用等，重点分析 JavaBean 在 JSP 中的调用，旨在帮助读者减少 JSP 页面中出现的 Java 代码数量，使得页面的程序更加简洁和高效。

第六章主要阐述 Java Web 应用程序的架构模式——MVC 架构模式，包括 MVC 架构模式的优缺点、JSP Model 1 体系结构和 JSP Model 2 体系结构，并在此基础上探讨两种体系结构的应用，进而帮助读者更好地理解和掌握 MVC 架构模式的不同形式。

第七章主要介绍 Java Web 技术的应用和发展趋势，重点探讨 Java Web 技术的应用领域和发展趋势，旨在帮助读者了解 Java Web 技术的作用和价值，全面了解 Java Web 技术的优势。

本书结构严谨，内容层层递进，语言深入浅出，系统地介绍了 Java Web 设计和应用方面的知识，希望对从事 Web 开发的人员和相关专业的学生有所帮助。由于笔者精力有限，本书难免存在不足，敬请广大读者批评指正！

目　录

第一章　概　　述

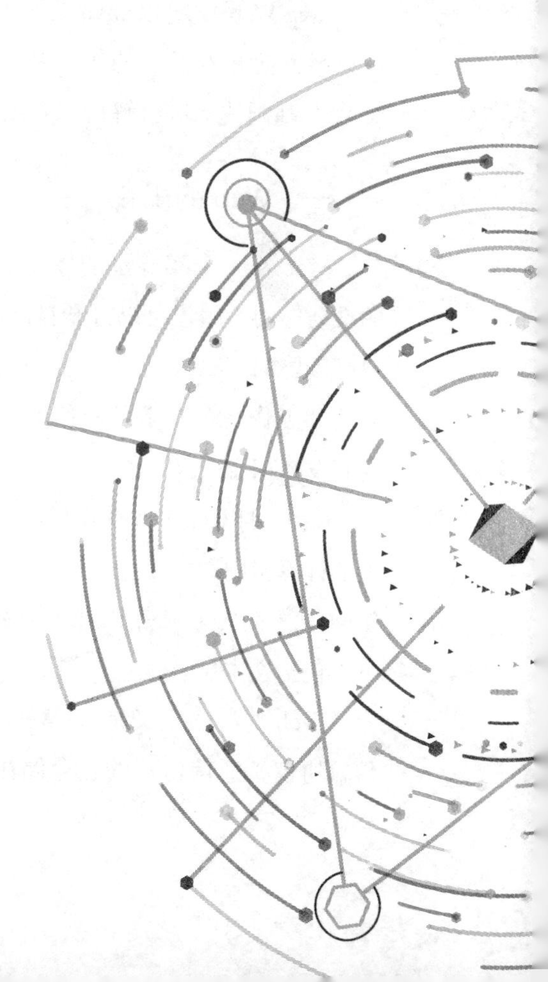

Java Web 技术是当前 Web 开发领域的主要技术之一，在电子商务网站、电子政务平台和其他软件开发领域有着广泛的应用。

本章主要介绍 Java Web 技术的概念、开发模式、应用服务器等基础知识，并在此基础上对 Java Web 程序开发、搭建的相关环境进行分析，旨在为 Java Web 技术研究人员提供全面系统的知识。

第一节　Web 技术基础

Java Web 技术以 Java 为核心，以 Web 技术为基础，在开发 Web 应用程序方面有着重要的作用和价值。Java Web 技术涵盖多种技术，这里对 Web 基础技术进行解析和介绍。

一、Web 的概念

Web 从一个实验室的概念发展到今天，对经济、文化等产生了巨大的推动作用。用户可以打开自己的计算机，并通过网络在几分钟之内找到自己需要的或感兴趣的信息。这种信息访问方式很大程度上方便了人们的生活和工作，企业不可避免地需要通过这种基于 Web 的通信媒介获取信息和发布信息。

我们可以把 Web 视作世界上最大的电子信息库，它是存储在 Internet 上的计算机中数以万计、彼此关联的文档集合。用户可以通过浏览器软件访问任意的 Web 站点，进而浏览和获得 Web 文档中包含的各种类型的信息（包括文本、音视频、图形等）。

Web 的科学定义是：“Web 是分布在全世界的、基于 HTTP（超文本传输协议）通信协议的、存储在 Web 服务器中的所有互相连接的超文本集。”其中，Web 服务器端存放着用 Web 文档组织的各种信息，客户端则通过浏览器软件浏览上述信息资源。所谓 Web 服务器是指基于 HTTP 通信协议的服务器，Web 文档是指存放在 Web 服务器中的、应用 HTML 语言组织的各种信息。

实际上，Web 是一种全球性的资源系统，是基于超文本方式的信息组织和检索工具，Internet 是它进行通信的基础设施。

二、Web 技术的类型

Web 技术是指开发互联网应用程序的技术总称，一般包括以下两大类。

（一）Web 客户端技术

Web 客户端的主要功能是向用户展现相关的信息内容，其设计技术通常包括以下几种。

1.HTML 语言

HTML 是超文本标记语言的英文缩写，通过 HTML 文件可以对各项元素进行设置和布局，最终形成 Web 页面。可以说，HTML 语言和文件是构成 Web 页面的主要工具。

2. 脚本程序

脚本程序是指嵌入 HTML 文档的程序。通过脚本程序，我们可以创建出动态 Web 页面，进而提高用户和 Web 浏览器的交互性。

编写脚本程序的语言大致可以分为两类：一是 JavaScript，该脚本语言由 Netscape 公司开发，具有易于使用、无须编译、变量类型灵活等优点，是常用的脚本程序语言之一；二是 VBScript，该脚本语言由 Microsoft 公司开发，同样可以用于设计和编写交互的 Web 页面。注意，两者都可以用于服务端脚本程序的编写，在 Web 服务端执行。

3.CSS

CSS 是指级联样式表。在 HTML 文档中设立 CSS，可以统一控制 HTML 中各标签的显示属性和设计风格，让 HTML 页面中的各种要素“活动”起来，进而大大提升开发人员对信息展现格式的控制能力。

可以说，CSS 是控制 Web 页面显示风格的重要工具，可以快速高效地使 Web 应用程序形成较为统一的信息展示格式。

4. 插件技术

插件技术大大丰富了浏览器的多媒体信息展示功能。通过插件技术，我们可以在 Web 页面中插入多媒体信息（如视频、音频等），使得 Web 页面的形式和内容更为丰富。

常见的插件包括 QuickTime、Windows Media Player 和 Flash 等。为了在 HTML 页面中实现多媒体应用，1996 年的 Netscape 2.0 成功地引入了 QuickTime 插件，使得 Web 页面的设计更加多样。此后插件这种开发方式受到开发人员的青睐，得到了迅速发展。

5.DHTML 语言

DHTML 是 Dynamic HTML 的简写。通过 DHTML 技术，我们可以实现 HTML 页面的动态效果。实际上，DHTML 语言并不是新的脚本语言和标记语言，而是 HTML 、CSS 和客户端脚本语言的一种集成，是将已经存在的网页技术和语言标准加以整合和运用，可以动态地显示或隐藏内容、激活元素、修改样式定义等，进而创建出和用户交互的 Web 页面。

需要注意的是，DHTML 技术无须启动 Java 虚拟机或其他脚本环境，就可以在浏览器的支持下，获得更好的动态展现效果和更高的执行效率。

6.VRML

随着人们对 Web 应用程序要求的不断提高，单一的、静态的二维 Web 浏览页面已不能满足人们日益提高的对 Web 互联网程序的要求。Web 逐渐从静态步入动态，并正在逐渐由二维走向三维。

VRML 是一种创建三维对象最重要的工具，是一种基于文本的虚拟现实建模语言，并可运行于任何平台。通过 VRML 语言，我们可以建立真实世界的场景模型，即创建三维物体和事物，带给人们更强的交互性、增加动画的功能等。

（二）Web 服务端技术

Web 服务器的主要功能是响应浏览器发来的 HTTP 等请求，并将存储在服务器中的 HTML 文件返回给浏览器，其主要包括以下几种技术。

1.CGI 技术

CGI 技术（公共网关接口技术）是 Web 服务器运行时外部程序的规范。CGI 应用程序不仅可以扩展服务器的功能，而且可以和浏览器进行交互，即对客户端浏览器输入的数据进行处理。

在开发 Web 页面时，CGI 技术可以让服务端的应用程序根据客户端的请求，动态生成 HTML 页面，最终完成服务端和客户端的信息交互。同时，通常来说，CGI 程序是放置在 HTTP 服务之中的，几乎所有的服务器都支持 CGI 技术。

需要注意的是，CGI 可以用任何一种语言进行编写，前提是该种语言具有标准的输出、输入以及环境变量。随着 CGI 技术的普及，电子商务、聊天室、论坛等各种各样的 Web 应用蓬勃兴起，为用户提供更为便捷的信息服务。

2.PHP 技术

PHP 是指超文本预处理器，其同时支持面向对象和面向过程的开发。PHP 语言是一种在服务器端执行的脚本语言，专门用于 Web 服务端编程。

PHP 技术可以整合 PHP 指令和 HTML 代码，使两者形成完整的服务端页面。因此，借助 PHP 技术，Web 应用的开发人员可以更为便捷地实现动态 Web 功能。

3.ASP 技术

Web 程序的开发十分复杂，即便是制作简单的动态页面也需要大量的代码才能完成，而 ASP 技术（活动服务器页面技术）则可以取代 CGI 标准，有效减少代码的数量。

ASP 技术是重要的 Web 服务端技术之一。我们可以用它创建动态交互式网页，还可以用它创建强大的 Web 应用程序。如果服务器接收到对 ASP 文件的请求，则可以通过该技术处理 HTML 文件和服务器端的脚本代码。

在该技术之中，脚本语言是 VBScript 和 Javascript。总之，ASP 技术具有操作简便、编程语言简单等优点，通过借助各种开发工具迅速成为 Web 服务端的主流开发技术。

4.Servlet 技术、JSP 技术

1997 年和 1999 年，以 Sun 公司为首的 Java 阵营分别推出了 Servlet 技术和 JSP 技术，这在很大程度上提高了开发人员开发应用程序的效率。

Servlet 是应用 Java 语言编写的服务器端程序，其主要功能是生成动态的 Web 内容和进行交互式浏览，还可以减少代码的数量；JSP 通常部署在网络服务器上，是一种动态网页技术标准，其主要功能是根据客户端的请求内容动态生成 HTML 等格式的网页。

总之，Servlet 技术和 JSP 技术的组合让 Java 开发者将 HTML 嵌入程序，有助于提高应用程序的开发效率。

三、Web 技术的发展历程

根据应用技术的不同，Web 技术的发展大体可以分为三个阶段，即静态技术阶段、动态技术阶段以及 Web 2.0 新时期。

静态技术阶段和动态技术阶段是根据 Web 网页采用的技术进行划分的。动态网页是指采用动态网站技术生成的网页，而不是具有动态效果的网页。

（一）静态技术阶段

静态技术阶段的 Web 主要是静态的页面。HTML 语言是 Web 向用户展示信息最有效的载体，其通过提供超文本格式的信息，在客户端的用户机上展示出完整的页面。

1945 年，范内瓦·布什提出一个使文本与文本相关联的问题，并给出实现文件关联的计算机设计方案。随后，道格拉斯·恩格尔巴特等人对设计方案进行了实验，之后人们对方案和技术不断完善，直至 1960 年前后德特·纳尔逊将这种信息关联技术命名为超文本技术。1969 年，查尔斯·高德法柏发明了用于描述超文本的 GML 语言，即后来的 SGMl 语言。随着技术和语言的出现和完善，1990 年，第一个 Web 浏览器就可以使用 HTML 语言展示超文本信息了。

在这一阶段，受到 HTML 语言和旧式浏览器的制约，Web 页面仅仅包含静态的文本和图像信息，而 Web 服务器相当于简单的 HTTP 服务器，主要功能只包括简单的几项：一是负责接收客户端浏览器的访问请求，二是建立客户端和服务器端之间的连接，三是响应客户端用户的请求，四是查找用户需要的静态 Web 页面，五是将查找的 Web 页面返回客户端，等等。可以说，这一阶段的 Web 页面和 Web 服务器并不能满足人们对信息多样性和及时性的需求。

（二）动态技术阶段

在 Web 技术出现的同时，可以存储、展示二维动画的 GIF 图像格式亦发展成熟，这为 HTML 引入动态元素提供了条件。

1995 年，Java 语言的出现为 Web 发展带来了更大的变革，它提供了在浏览器中开发应用的思路和方案。JavaScript 语言是一种以脚本方式运行的语言，从此 Web 世界中出现了脚本技术。在 Windows 98 及其后的 Windows 操作系统中，WSH 技术将原本只能在浏览器中运行的 JavaScript 以及 VBScript（微软公司开发的和 JavaScript 相抗衡的脚本语言）变成了可以在 Windows 操作系统的 32 位环境下使用的通用脚本语言。

实际上，真正使得 HTML 页面变得又酷又炫的是 CSS 等 DHTML 技术。1996 年年底，W3C 组织提出 CSS 的建议标准，随后 IE 3.0、Netscape 4.0、IE 4.0 等相继引入 CSS，同时增加了自定义的动态 HTML 标签、CSS 和文档对象模型，最终发展为完整的客户端开发体系（DHTML）。同时，Netscape 2.0、IE 3.0 等成功引入 QuickTime 插件、Activex 控件，实现了 HTML 页面在音视频等多媒体上的应用，自此，不同公司开始开发浏览器中的各种插件并取得成功，很大程度上丰富了 Web 页面的功能。

在动态技术生成的网页中，网页 URL 的后缀不只是“.htm”“.html”“.shtml”等静态网页的常见形式，也可以是“.asp”“.php”“.jsp”“.cgi”“.perl”等形式。从网页的内容来看，动态技术的引用使得其形式更加多样，更加丰富生动；从网站开发和维护的角度来看，动态技术的引用使得网站的维护更加便捷；从网站功能来看，动态网页使用 JSP 对象，可以实现用户注册、用户登录、数据管理等功能，有助于提高网络的利用率，使得用户的操作更加便捷。

（三）Web 2.0 新时期

Web 2.0 并没有准确的定义，甚至不是具体的事物，仅是人们对一个阶段的描述。Web 技术的不断发展和革新使其在应用层方面有着较大的改变。在这一阶段，用户可以自己主导信息的生产和传播，打破原有的单向传输模式，具有更好的交互性。

Web 2.0 是以 Flickr、43Things.com 等网站为代表，以 Blog、Tag、SNS、RSS、Wiki 等社会软件的应用为核心，依据六度分隔、XML、Ajax 等新理论和技术实现的互联网新一代模式，主要体现在以下几个方面。

（1）从模式上说，Web 2.0 是从读向写、信息共同创造的一个改变。

（2）从基本结构上说，Web 2.0 是由网页向发表 / 展示工具的演变。

（3）从运行机制上来说，Web 2.0 则是自“client Server”向“Web Services”的转变。

（4）从工具上说，Web 2.0 是由互联网浏览器向各类浏览器、RSS 阅读器等内容的发展。

总之一句话，Web 2.0 的精髓就是以人为本，提升用户使用互联网的体验。

综上所述，从发展脉络来看，Web 技术在不断完善与发展，其最终目标是提高人们应用网络获取信息的速度和满足人们应用网络进行分享的需求。我们有理由相信，随着现代科学技术的发展，Web 技术将会朝着更好的方向发展，会被更多的开发者所关注，最终开发出具有多样功能的应用程序，进而满足人们的现实需求。

第二节 Java Web 开发模式

Java Web 开发模式是开发应用程序的基础和前提，主要包括软件架构模式和软件设计模式。

一、软件架构模式

根据架构模式的不同，Java Web 架构模式分为 C/S（客户端 / 服务器）

模式和B/S（浏览器/服务器）模式，两者的组成、用途、优缺点各不相同。

（一）C/S 模式

1.C/S 模式的组成

C/S 模式由三部分组成：一是客户应用程序（Client），这是 Web 系统中用户用来和数据交互的前端。二是服务器管理程序（Server），主要负责有效管理和优化系统资源，如当多个用户同时请求服务器上的相同资源时，对这些资源进行最优化管理。三是中间件（Middleware），是一类提供系统软件和应用软件之间连接、便于软件各部件之间沟通的软件，应用软件可以借助中间件在不同的技术架构之间共享信息与资源。中间件位于客户机服务器的操作系统之上，管理着计算资源和网络通信。

C/S 模式的工作原理如图 1–1 所示。

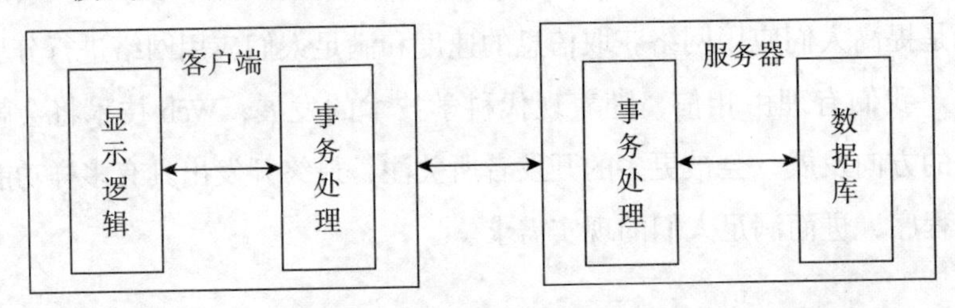

图 1–1　C/S 模式的工作原理

2.C/S 模式的优点

C/S 模式的优点主要体现在以下几方面。

首先，C/S 模式具有较强的交互性。客户端具有一套完整的应用程序，可以在子程序间自由切换。同时，客户端在出错提示、在线帮助等方面具有强大的功能和作用。

其次，C/S 模式具有较为安全的存取模式。这是因为该模式是配对的点对点结构模式，采用的是局域网网络协议，因此可以较好地保证信息的安全性。

最后，C/S 模式可以降低网络通信量。C/S 模式采用两层结构，其网络通信只包括客户端和服务器之间的通信量，可以降低网络通信量。同时由于 C/S 模式在逻辑结构方面少一层，对于相同任务，C/S 完成的速度较快，有利于处理大量信息和数据。

（二）B/S 模式

随着全球网络开发、互联、共享的不断发展，C/S 模式已不能满足人们对信息的要求，以 B/S 模式为代表的新型应用模式逐渐受到人们的喜爱。B/S 模式的工作原理如图 1-2 所示。

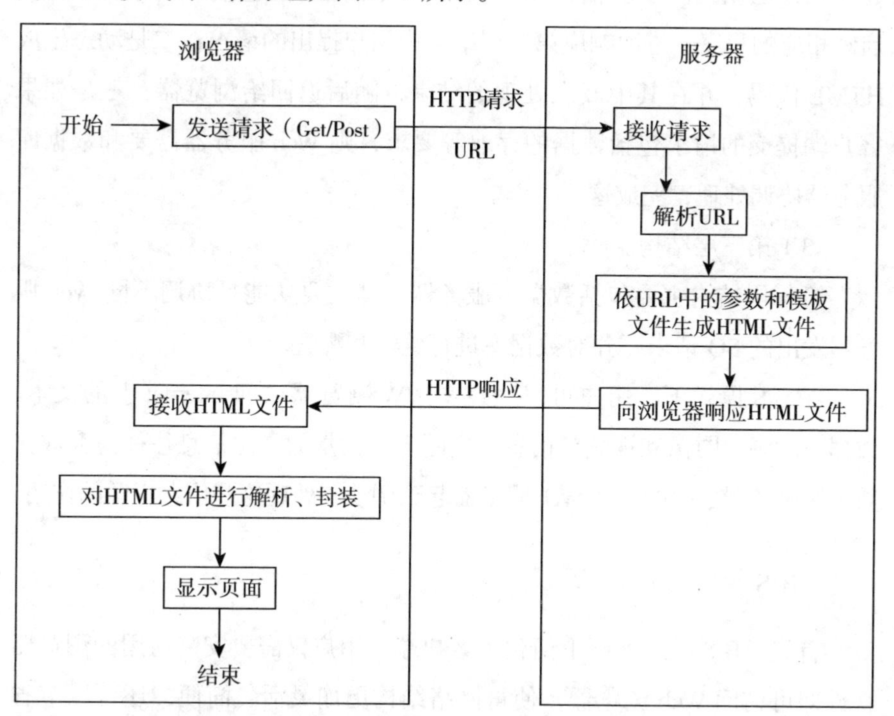

图 1-2　B/S 模式的工作原理

1.B/S 模式的组成

B/S 模式是以 Web 技术为基础的新型系统平台模式，其将传统 C/S 模式中的服务器部分分解为两部分（数据服务器和 Web 服务器）。也就是说，B/S 模式是具有三层结构的体系。

（1）第一层结构。

第一层结构包括客户端和整个系统的接口，这里可以将客户端的应用程序视作一个通用的浏览器软件（如 IE 等），其主要功能包括以下两项：一是将 HTML 代码转化为相对应的 Web 网页，二是将用户提交的申请表提交给第二层结构中的 Web 服务器。

（2）第二层结构。

第二层结构主要包括 Web 服务器，其主要功能包括以下三项：一是启动相应的程序，进而响应第一层结构中用户提出的请求；二是动态生成 HTML 代码，并在其中嵌入处理的结果，随后返回给浏览器；三是如果客户端提交的请求包括数据的存取等要求，则 Web 服务器需要和数据库服务器协调处理，完成这一工作。

（3）第三层结构。

第三层结构主要包括数据库服务器，其主要功能是协调不同 Web 服务器发出的 SQ 请求，并对数据库进行管理和配置。

在 B/S 模式下，用户可以通过 WWW 浏览器访问 Internet 上的文本、数据、动画、图像和视频等信息。实际上，大量的资源信息往往是存放在数据库服务器之中的，而 Web 服务器起到调动和处理这些信息资源的作用。

2.B/S 模式的优点

首先，B/S 模式实际上简化了客户端，用户仅需要安装通用的浏览器软件即可访问 Web 浏览器，使得网络结构更加灵活、简便，还可以节省客户机的内存空间。

其次，B/S 模式简化了系统开发和维护。系统开发者并不需要为不同用户设计不同的应用程序，仅需要把所有的功能都在 Web 服务器上实现，并为不同级别的用户设置权限。同时，和 C/S 模式相比，B/S 模式的维护具有较大的灵活性，并不需要为每一位用户升级应用程序，只需要对 Web 服务器上的服务处理程序进行修订。

最后，B/S 模式简化了用户的操作。在 B/S 模式中，客户端应用程序仅是简单的浏览器软件，用户无须经过培训就可以直接使用。同时，B/S 模式的这种特性使 MIS 系统维护的限制因素更少。

在实际应用中，为更好地方便用户使用，我们通常结合 C/S 模式和 B/S 模式，根据一定的原则对系统子功能进行分类，针对两种模式的特点决定子功能使用的开发模式并进行开发和部署。在软件维护阶段，我们同样需要根据不同模式的子功能进行维护。

3.B/S 模式的局限

首先，B/S 模式的交互性较差。B/S 模式中并没有一整套客户应用程序，因此用户的交互体验感相对较差。

其次，B/S 模式的安全性较差。B/S 模式采用一点对多点、多点对多点的结构模式，并采用开放性协议（如 TCP/IP 协议），只能依靠服务器上的管理密码的数据库保障相关数据的安全，其安全性相对较差。

最后，B/S 模式的逻辑结构和物理结构不配套。通常来说，B/S 模式在逻辑结构方面采用的是三层结构，在物理结构方面采用的却是以太网或环形网。这意味着三层结构之间的通信需要占用同一条网络线路，无形之中会减慢处理数据的速度。

二、软件设计模式

早期的 Web 开发，由于业务比较简单，通常使用 ASP、PHP 等过程化语言创建大部分 Web 应用程序。因此，在 Web 应用程序中，数据层代码和表示层代码是混在一起的，无论是用户数据的接收、验证、封装、处理、呈现，还是对数据库的操作，通通放在 ASP 或 PHP 页面之中，这无形之中使得 ASP 或 PHP 页面十分混乱。

可以说，早期的软件设计模式属于双层设计模式，即 Browser →JSP（Web Server，DataBase Server）。此时，JSP 端充当着双重角色，即 Web 服务器和数据库服务器的角色。

然而，Web 应用程序的业务越来越复杂，需要的代码数量越来越多，上述的设计模式并不能满足当前的需求，有人提出可以将业务逻辑抽取出来，进而形成与显示和持久化无关的一层，这样可以使得设计模式更加清晰，即多层设计模式。

（一）JSP 初期模型

在 JSP 初期模型中,JSP 是独立完成所有任务的，其设计模型如图 1-3 所示。

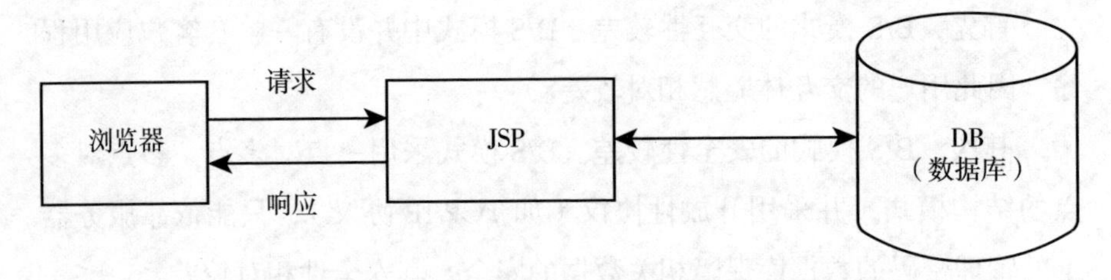

图 1-3　JSP 初期模型

在 JSP 初期模型中，很多产品是以数据库为中心进行设计和架构的，对 DAO 层的职责仅定位为增删改查。

然而，随着业务逻辑复杂程度的增加，复杂的对象关系越来越难以厘清，如何将数据进行存储成为棘手的问题。在此过程中，我们可以在应用中增加一个新的持久化层，以解决对象状态的持久化保存及同步问题。

（二）改进的 JSP Model 模型

针对 JSP 初期模型代码混杂和数据应用难以存储的问题和弊端，改进的 JSP Model 模型应运而生。

在这种模式之中，JSP 页面和 JavaBean 协作响应浏览器页面的请求，其工作模式如图 1-4 所示。

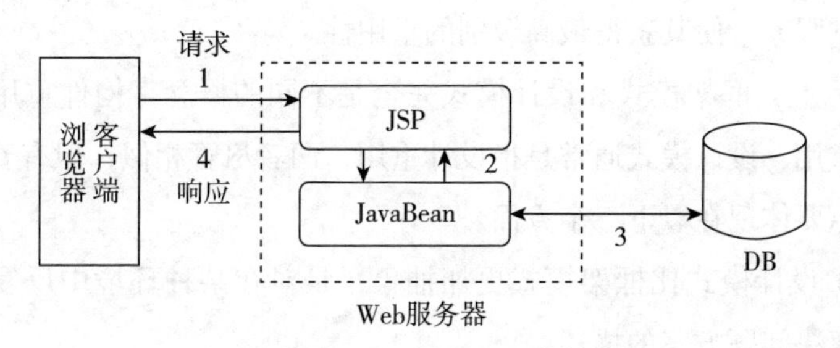

图 1-4　改进的 JSP Model 模型的工作模式

由于改进的 JSP Model 模型适用于比较简单、小型的项目规模，早期的 Web 应用几乎都采用了 JSP Model 初期设计模式。随着项目规模越来越大，出现了 JSP Model 2 架构，该架构增加了控制器的角色，使得软件设计的分工更加明确，其工作模式如图 1-5 所示。

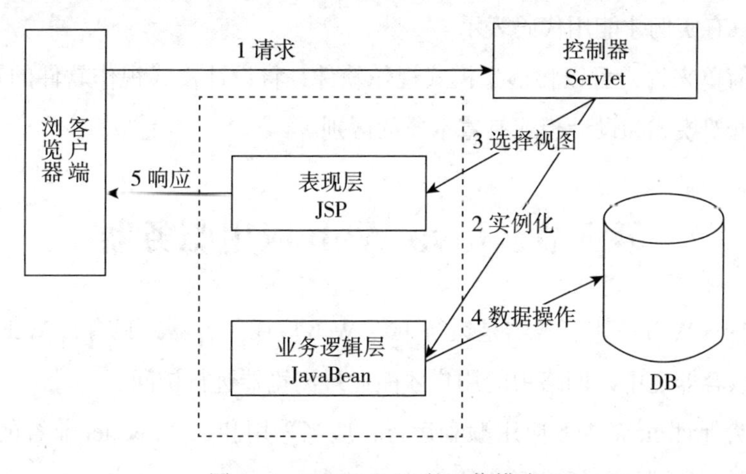

图 1-5　JSP Model 2 的工作模式

三、软件框架模式与软件设计模式的比较

在软件生产过程中，通常存在三种级别的重用：一是内部重用，是指在同一应用中可以进行公共使用的抽象块；二是代码重用，是指将通用模块组成工具集或库，以便于多个应用和领域的调用，减少代码的数量；三是应用框架重用，是指通用的或现成的基础结构的重用，以便于为专用领域提供服务，使其获得最高级别的重用性。

实际上，框架模式和设计模式完全是不同的概念。构件重用通常是指代码重用，设计模式通常是指设计重用，两者尽管相似，但有着本质的不同，主要体现在以下三个方面。

（1）设计模式比框架模式更加抽象，是对在某种环境中反复出现的问题或解决问题方案的描述。

（2）设计模式是比框架模式更小的元素，也就是说一个框架中可以包含一个或多个设计模式。

（3）设计模式适用于各种应用，十分灵活；框架模式总是针对某一个特定应用领域。

（4）框架模式可以使用代码进行表示，可以直接执行或复用，框架模式只有实例才能用代码表示。

简单来说，可以将框架模式视作软件，将设计模式视作软件的知识，因此框架模式和设计模式有着本质的区别。

第三节　Java Web 应用服务器

Java Web 应用服务器是运行 Java Web 应用的容器，只有将 Web 项目放到该容器之中，网络中的用户才能通过浏览器进行访问。

为保证 Java Web 应用顺利运行，应当采用和 JSP/Servlet 兼容的 Web 服务器，常用的包括以下几种。

一、Apache 服务器

Apache 服务器是 Apache 软件基金会的一个开放源码的网页服务器，在大多数计算机操作系统之中均可以运行，具有较高的安全性和可移植性，是当前流行的 Web 服务器端软件之一。

Apache 服务器具有快速、可靠的优点，并且可通过简单的 API 扩展将 Java Web 及 Perl/Python 等解释器编译到服务器中。最开始，Apache 服务器是 Netscape 网页服务器之外的开放源代码选择，后来在功能和速度方面有所改进和完善，逐渐超越其他基于 Unix 的 HTTP 服务器，成为主流的 Web 服务器软件之一。

Apache 目前的版本是 2022 年 6 月发布的 Apache 2.4.54（下载网址为 https://httpd.apache.org/），其下载页面如图 1–6 所示。

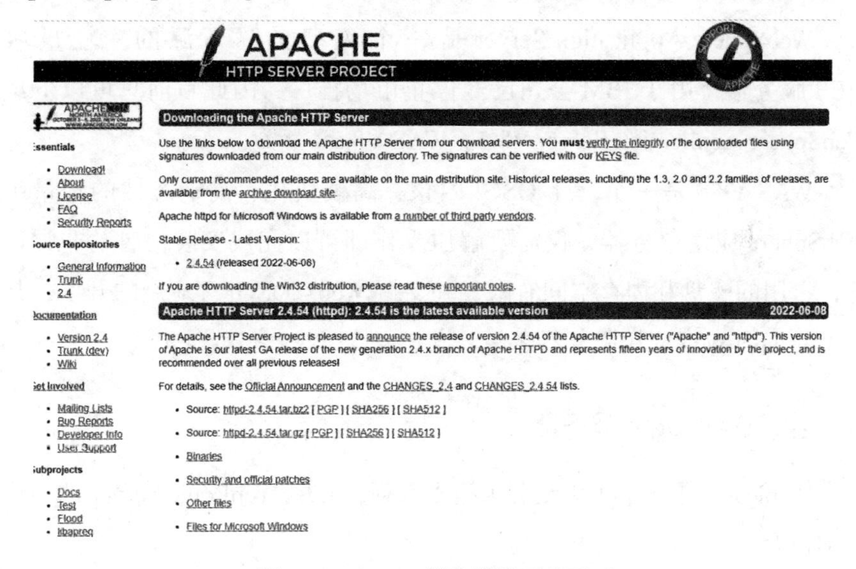

图 1–6　Apache 服务器的下载页面

二、Tomcat 服务器

Tomcat 服务器是由 Apache、Sun 和其他一些公司及个人共同开发而成的。Tomcat 服务器是一个小型的、轻量级的、支持 JSP 技术和 Servlet 技术的 Web 服务器，同时是初学者学习编写和调试 JSP 程序的首选，应用十分广泛。

在 Sun 的参与和支持下，最新的 Servlet 和 JSP 规范在 Tomcat 中得到了实现，Tomcat 目前的新版本是 11.0.0 版本，支持 Servlet 6.0 以及 JSPV 4.0 的规范。

三、WebSphere 服务器

WebSphere 服务器是 IBM 公司的产品，可以进一步细分为不同的系列，具有不同的应用环境。其中，WebSphere Application Server 是基于 Java 的应用环境，可以在诸多操作系统平台上运行（包括 Windows NT、Sun Solaris 等），主要用于建立、管理和部署 Internet Web 应用程序。

WebSphere Application Server 是一个免费的、开源的、轻量级 J2EE 服务器，由于 IBM 公司已经停止市场推广，因此目前只可以下载 WebSphere Application Server V8.5（WAS V8.5）版本。

WAS V8.5 是一个基于 OSGI 内核、高模块化、高动态性的轻量级 WebSphere 应用服务器，仅需要解压操作即可以完成安装，启动非常迅速，占用的磁盘和内存空间有限，并支持 Web、OSGi 等应用的开发，是常见的 Java Web 应用服务器之一。

四、WebLogic 服务器

WebLogic 服务器可以细分为很多系列，其中 WebLogic Server 的功能特别强大。

WebLogic 服务器的配置简单且界面友好，支持企业级、多层次、完全分布式的 Web 应用，常用于集成、开发、管理和部署大型分布式 Web 应用、数据库应用的 Java 应用程序以及网络应用。

目前，WebLogic 的新版本为 Oracle Weblogic Server 14c（14.1.1.0），

其官方下载页面如图 1-7 所示。

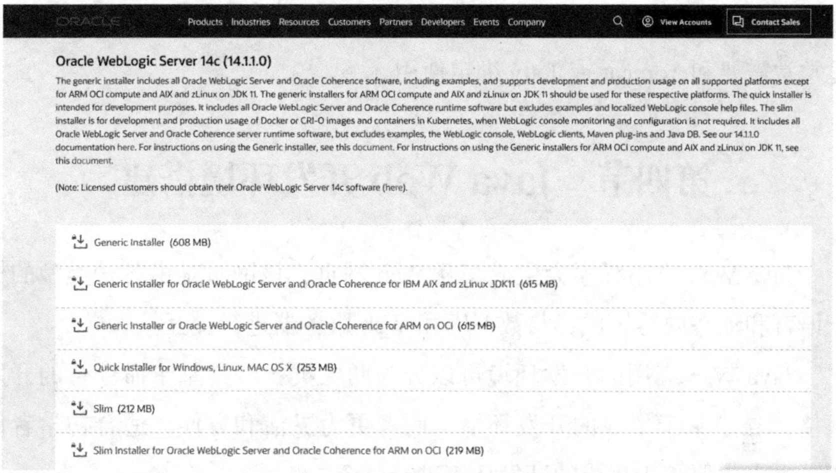

图 1-7 WebLogic 服务器下载界面

五、Resin 服务器和 JBoss 服务器

（一）Resin 服务器

Resin 服务器是 Caucho 公司的产品，运行速度较快，支持 Servlet 2.3 标准和 JSP 1.2 标准。

不仅如此，Resin 服务器还包含支持 HTML 的 Web 服务器，可以显示 Web 静态内容和动态内容，受到 Java Web 开发人员的青睐，很多应用 JSP 技术的网站都会优先采用这一服务器。

（二）JBoss 服务器

JBoss 服务器是一个开源的、纯 Java 的开放源代码的 EJB 服务器和应用服务器，其遵守 Java EE 规范和 LGPL 许可，因此任何商业应用都可以免费使用该服务器。

JBoss 服务器是一个管理 EJB 的容器和服务器，采用 JML API 实现软件模块的集成和管理，支持 EJB 1.0、EJB 2.0、EJB 3.0 等规范。需要注意的是，JBoss 服务器的核心服务并不包括支持 Servlet/JSP 的 Web 容器，因此常常需要和 Tomcat 或 Jetty 绑定使用。

第四节 Java Web 开发环境搭建

Java Web 应用程序会生成交互 Web 网页，该网页是由各种类型的标记语言和动态内容组成，与数据库和 Web 服务器进行交互。

Java Web 应用的开发环境可以分为两大类：一是基于命令行的开发环境，二是基于集成的开发环境。后者更为灵活和方便，适合初学者使用。本书主要基于集成的开发环境进行介绍。

一、下载 JDK 工具包

JDK 是 Java 语言的软件开发工具，包括 Java 的运行环境（JVM+Java 系统类库）和 Java 工具，主要用于移动设备、嵌入式设备中的 Java 应用程序的开发，其下载步骤如下所示。

（1）明确自己电脑的操作系统情况，右击“我的电脑”找到“控制面板”选择“属性”，并在属性界面之中查看“系统类型”，如图 1–8 所示。

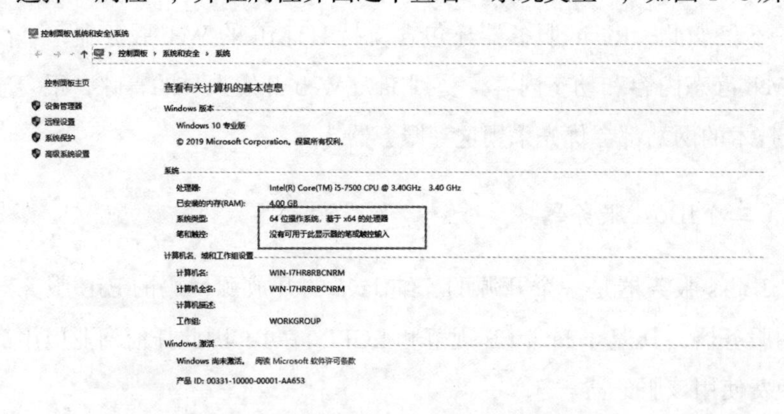

图 1–8 系统界面

（2）到 JDK 工具包的官网找到并下载适合自己电脑版本的 JDK，如图 1-9 所示。

需要注意的是，在单击“DOWNLOAD”按钮后会跳转到下载页面，在该下载页面中，首先单击“Accept License Agreement”，即代表接受许可协议，进而选择合适的版本。

如果选择的是 Windows 64 系统类型，则可以选择后缀为 .exe 的文件进行下载，以避免后续的解压操作。

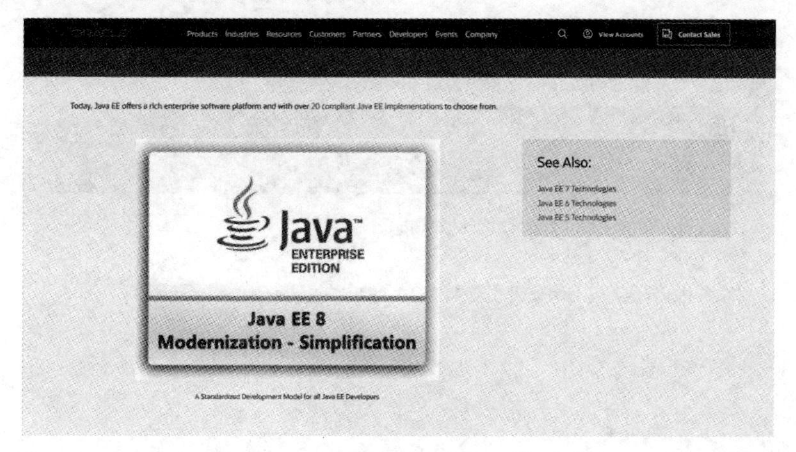

图 1-9　JDK 官网页面

（3）在弹出的下载任务窗口中，单击“DOWNLOAD”，以完成下载任务，如图 1-10 所示。

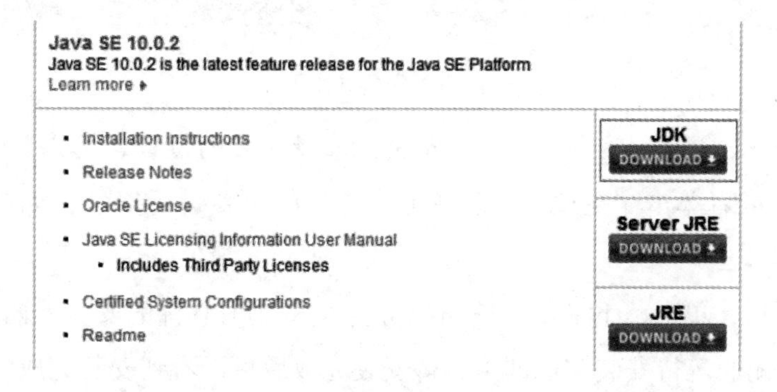

图 1-10　JDK 的下载页面

二、JDK 的安装和配置

当 JDK 软件下载结束之后，需要对其进行环境配置，使得该软件可以顺利地在计算机上运行，其安装和配置通常可以分为以下几步。

（一）安装 JDK 软件

首先，双击在官方网站下载的压缩包，进入安装向导界面，如图 1–11 所示，并单击“下一步”按钮，继续安装。

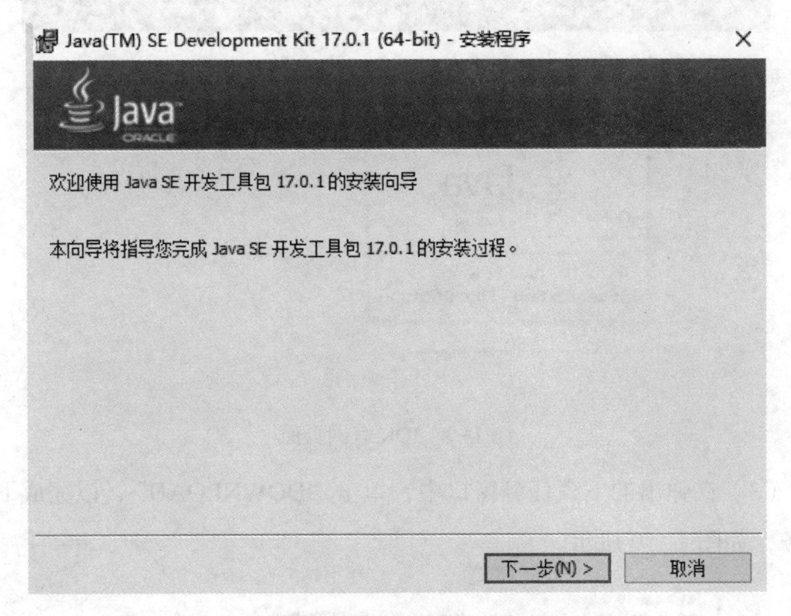

图 1–11　安装导向页面

其次，进入 JDK 软件安装界面，选择安装的位置，可以默认安装到 C 盘或者单击“更改”，选择更为合适的位置进行安装，如图 1–12 所示。

最后，单击“下一步”按钮，将会进入 JDK 软件的安装界面。此时只需要耐心等待安装完成即可，待安装完成后可以看到安装完成的标志，如图 1–13 所示。

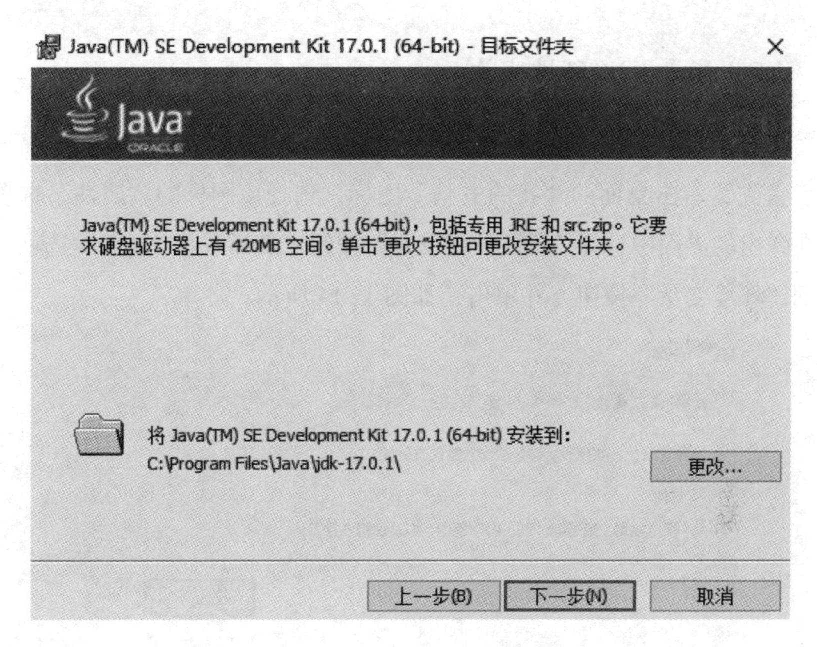

图 1-12　JDK 软件安装界面

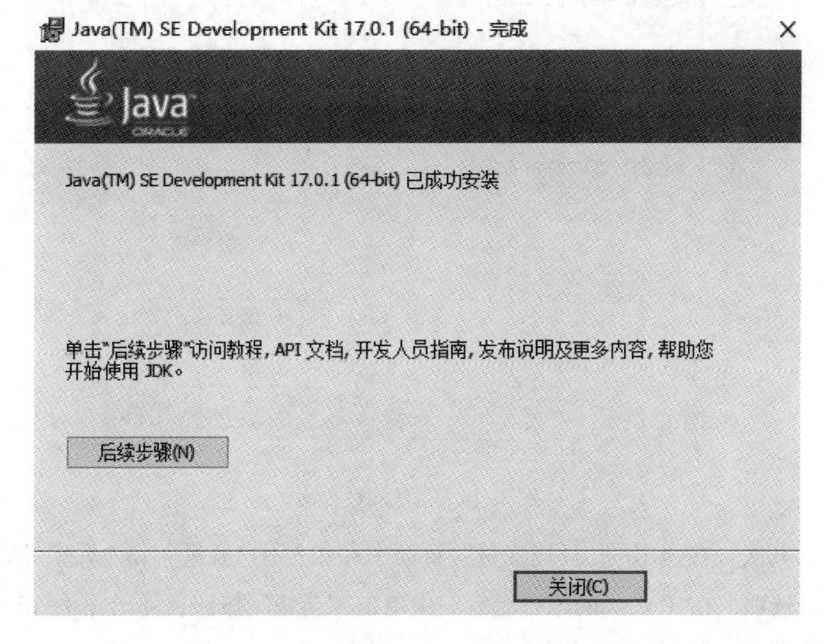

图 1-13　JDK 软件安装完成界面

（二）配置 JDK 环境变量

JDK 软件安装结束之后，需要为其配置环境变量，其具体步骤如下。

首先，右击桌面的“我的电脑”图标，选择该图标的“属性”选项，并在弹出的界面中选择“高级系统设置”按钮，随后选择“高级”选项卡，找到“环境变量”按钮，并单击，如图 1-14 所示。

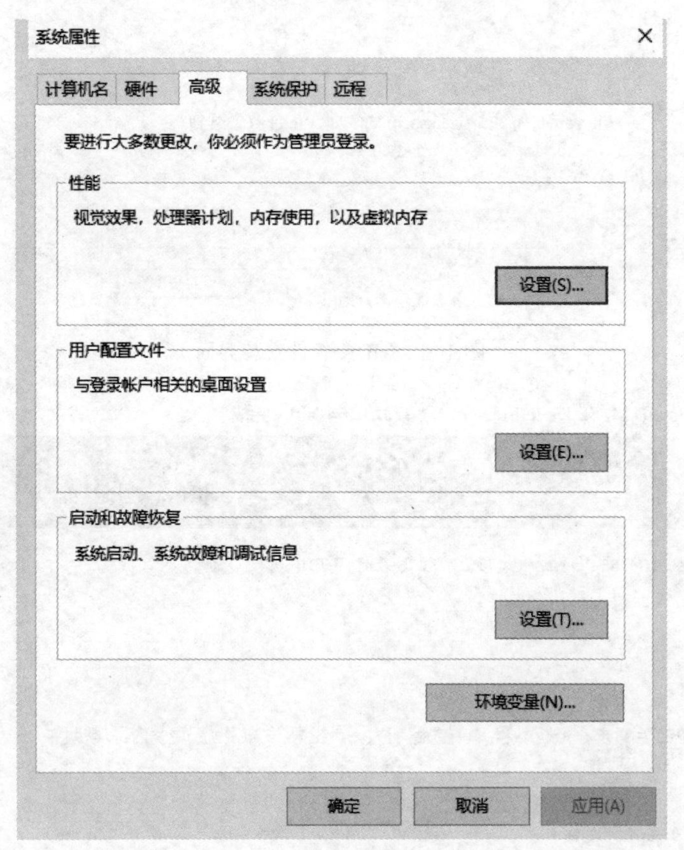

图 1-14　系统属性界面

其次，在弹出的“环境变量”页面中存在“用户变量”和“系统变量”两个选项，在“× × 的用户变量”中单击“新建”按钮，弹出图 1-15 所示的界面。

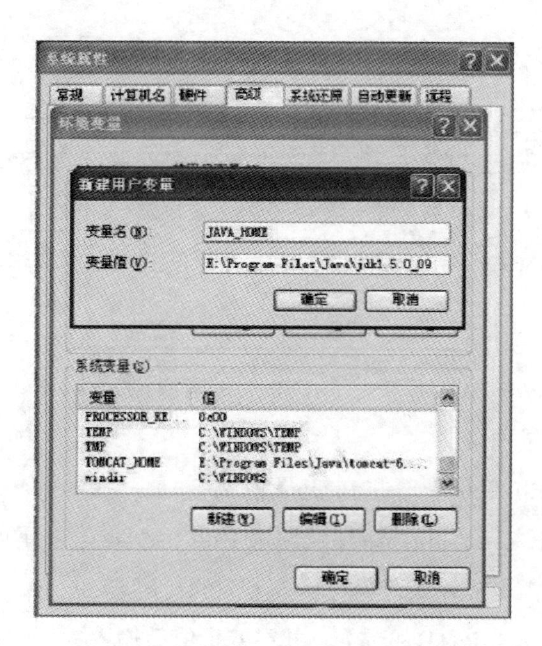

图 1–15　设置 JDK 软件环境变量界面

再次，在弹出的页面中，增添“JAVA_HOME”变量、“Path”变量和“CLASSPATH”变量，其变量值的设定如图 1–16 所示。

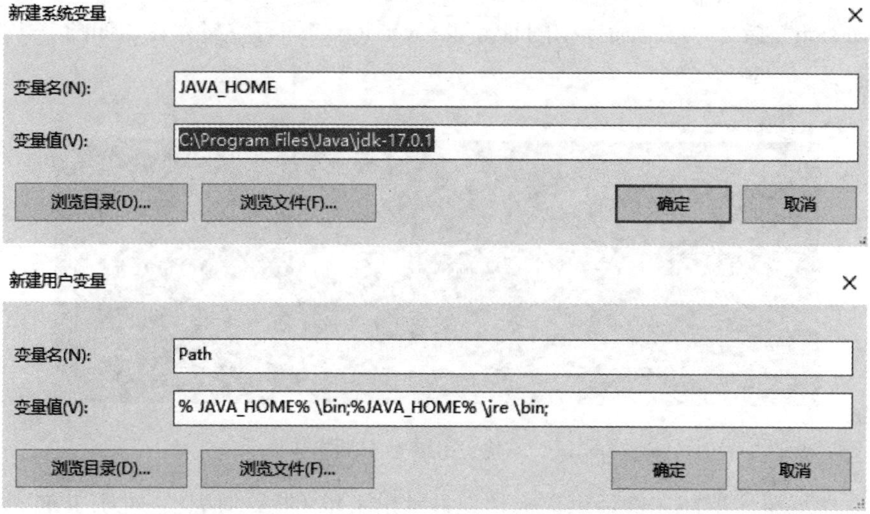

新建系统变量

变量名(N): JAVA_HOME

变量值(V): C:\Program Files\Java\jdk-17.0.1

浏览目录(D)...　浏览文件(F)...　确定　取消

新建用户变量

变量名(N): Path

变量值(V): % JAVA_HOME% \bin;%JAVA_HOME% \jre \bin;

浏览目录(D)...　浏览文件(F)...　确定　取消

图 1–16　配置 JDK 软件环境变量

编辑用户变量

变量名(N): CLASSPATH

变量值(V): .;%JAVA_HOME%\lib;%JAVA_HOME%\lib\tools.jar

浏览目录(D)... 浏览文件(F)... 确定 取消

图 1-16　配置 JDK 软件环境变量（续）

新建“JAVA_HOME”变量，并在变量值浏览 JDK 软件所在的目录填充相应的变量值。

新建“Path 变量”，并在变量值后输入：“% JAVA_HOME% \bin ; %JAVA_HOME% \jre \bin;”。注意原来 Path 的变量值末尾可能没有分号，如果没有，就需要先输入分号再输入上面的代码。

新建“CLASSPATH 变量”，并在变量值后输入：“.;%JAVA_HOME%\lib;%JAVA_HOME%\lib\tools.jar”。注意最前面有一个点符号。

最后，检验环境变量配置是否成功，按下“Windows+R”组合键，在弹出的窗口中输入“cmd”，单击“确定”，在弹出的窗口中输入“java -version”指令，注意命令中的 java 和 - version 之间有空格存在，如图 1-17 所示。

图 1-17　检验 JDK 软件版本界面

如果按下回车键就可以成功地显示出 JDK 的版本信息，说明 JDK 软件安装和配置成功。

三、Tomcat 的安装和端口修改

Tomcat 服务器属于轻量级应用服务器，其由于免费、开放源代码的优点，在中小型系统中使用得比较普遍，是开发和调试 JSP 程序的首选。

（一）Tomcat 的安装

首先，在 Tomcat 官方网站上下载适合计算机版本的压缩文件，并双击该压缩文件进行解压，随后可以看到在 tomcat 文件中包括以下文件夹。

（1）webapps 文件夹：用来存放各个应用，开发人员编写的每个应用都可以放置在该文件夹里。

（2）conf 文件夹：用来存放配置文件，通常使用的是 server. xml 文件和 web.xml 文件。

（3）bin 文件夹：用来启动服务器的相关文件。

（4）work 文件夹：用来存放临时文件。

（5）logs 文件夹：保存系统运行时的日志信息。

其次，双击“tomcat/bin”目录下的“ startup. bat”，使之平稳运行。接着，打开任意浏览器，在浏览器的地址栏中输入“http://localhost:8080”，如果出现 tomcat 欢迎界面，则说明 Tomcat 的下载和安装正确。

最后，将开发完成的 Java Web 应用程序部署到 Tomcat 服务器上，其方法有两种：一是复制 Web 并应用到 Tomcat 中，二是在 server. xml 文件中配置 <Context> 元素。

（二）Tomcat 服务端口的修改

Tomcat 默认的服务端口为 8080，不仅可以在安装过程中对服务端口进行修改，也可以通过修改 Tomcat 的配置文件进行修改，后者的步骤如下：

（1）采用记事本打开 Tomcat 安装目录下的 conf 文件夹下的 servlet.xml 文件。

（2）在 servlet. xml 文件中找到以下代码：

```
<Connector port = "8080"protocol = "HTTP/1.1"
connectionTimeout = "20000"
redirectPort = "8443"/ >
```

（3）将上面代码中的 port ="8080" 修改为 port ="8081"，即可将 Tomcat 的默认端口设置为 8081。

需要注意的是，当修改结束之后，为了使新设置的端口生效，还需要重新启动 Tomcat 服务器。

四、Eclipse 开发工具的下载和安装

Eclipse 是一个开放源代码的、基于 Java 的可扩展开发平台，其主要作用是通过插件组件构建开发环境，实际上仅是一个框架和一组服务，其下载和安装过程如下所示。

首先，在官方网站中找到需要的版本，即用于 Java EE 开发的 Eclipse 平台软件，单击“Download”按钮，如图 1-18 所示。

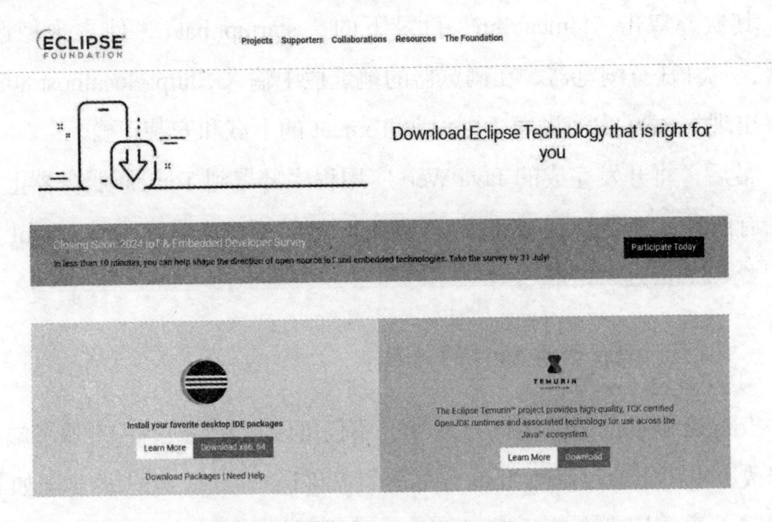

图 1-18　Eclipse 网站界面

需要注意的是，应当根据自身计算机的版本选择对应的压缩包并进行下载，以免出现不兼容的情况。

其次，对下载的 eclipse 压缩文件进行解压，并将其解压到合适的位置，之后找到并单击 eclipse 下的 eclipse. exe 执行文件，即可打开 Eclipse 开发工具，如图 1-19 所示。

图 1-19　Eclipse 软件界面

需要注意的是，Eclipse 软件第一次启动时，往往要求用户选择一个工作空间，最好不要再选择 C 盘，避免浪费 C 盘的空间。同时，由于之后在 Eclipse 创建的项目都会自动保存在选择的文件夹中，因此在其下方的“Use this as the default and do not ask again”前尽快不要打钩，如图 1–20 所示。

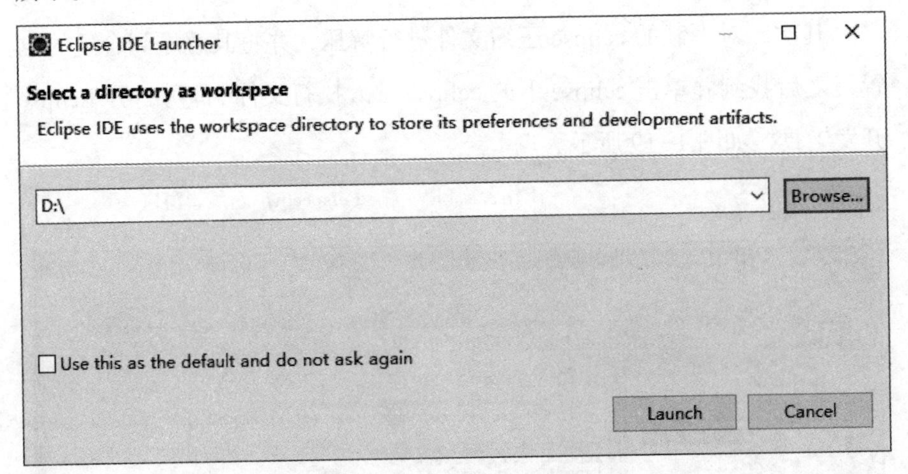

图 1–20　Eclipse 软件的启动界面

五、数据库的安装和配置

MySQL 是当前使用比较广泛的关系型数据库管理系统，在 Web 应用方面是非常好的关系型数据库管理系统应用软件之一，其下载和安装过程如下。

（一）MySQL 的安装

首先，进入官方网站（http://www.mysql.com），并在下载界面中下载适合自己计算机版本的安装文件，单击“Download”按钮，即可获得 MySQL 软件的压缩包。

其次，打开下载的 MySQL 压缩包，双击解压该文件，运行“setup.exe”，单击“Next”按钮，随后继续单击“Next”按钮，并在出现的界面中选择安装类型“Custom”，即最后一个选项，如图 1–21 所示。

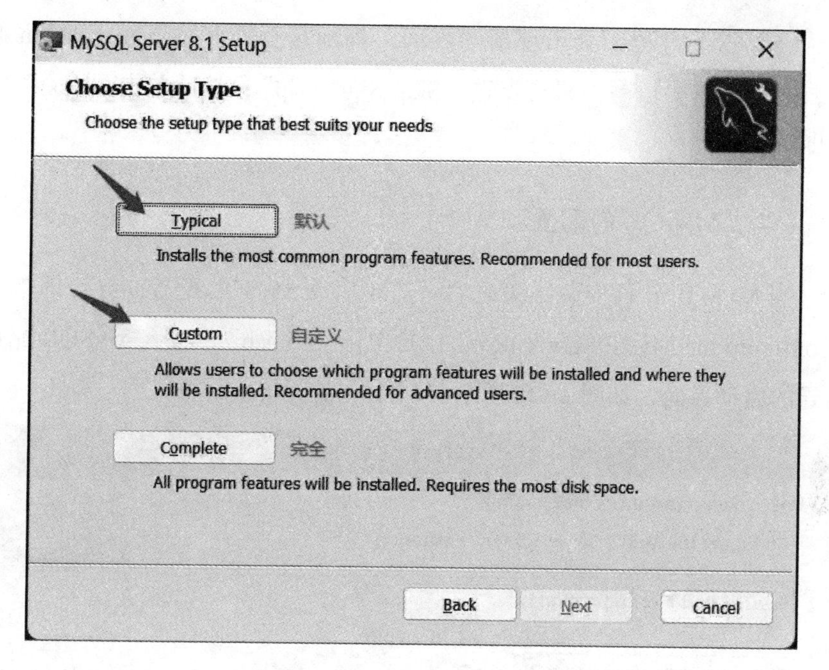

图 1-21 MySQL 软件的安装界面

需要注意的是，在该安装界面中存在三个选项，其含义分别为典型、完全和用户自定义。这里选择的是用户自定义选项，这样就具有更多的选项，用户就能熟悉数据库系统的安装过程，其步骤如下：

（1）单击“Developer Components”，并选择“This feature,and all subfeatures,will be installed on local hard drive”。

（2）设置同页面的“MySQL Server”“Documentation”“Client Programs”选项，点选“Change…”，通过手动指定这些选项的安装目录，并单击“OK”按钮继续操作。注意，安装文件不要放在和操作系统相同的文件夹中，以防止系统备份还原时数据被清空。

（3）全部设置完毕之后，单击“Next”按钮。

（4）对前面的操作和设置进行确认和检查，如果没有错误，就单击“Install”按钮，开始安装，否则单击“Back”按钮，返回修改之前的设置。

（5）安装过程中会出现新的界面，询问是否需要注册 mysql.com 账号，通常不需要填写，只要点选“Skip Sign -Up”，然后单击“Next”按钮即可。

（二）MySQL 的配置

当 MySQL 软件安装结束之后，需要启动 MySQL 配置向导，即单击“Configure the Mysql Server now”，并单击“Finish”，进入 MySQL 配置向导的启动界面，如图 1-22 所示。

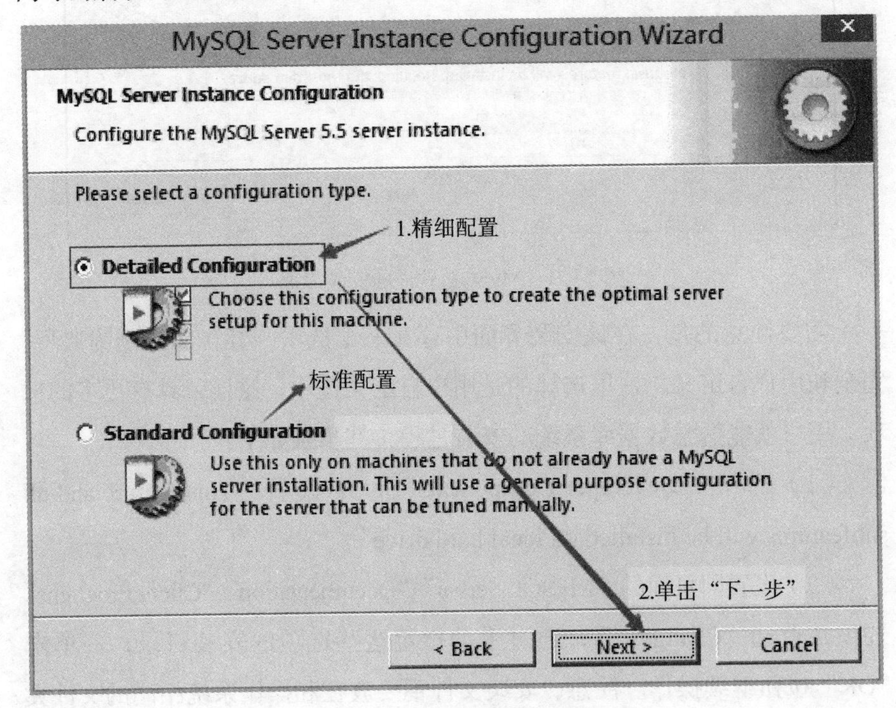

图 1-22　MySQL 配置向导的启动界面

1. 配置方式

选择“Detailed Configuration”选项，以更好地熟悉配置过程，并单击“Next”按钮。

2. 服务器类型

服务器一般存在三种类型，即 Server Machine（服务器类型，MySQL 占用较多资源）和 Developer Machine（开发测试类，MySQL 占用很少资源）以及 Dedicated MySQL Server Machine（专门的数据库服务器，MySQL 占用所有可用资源）。用户可以根据自己的需要进行选择，建议选择第一种类型，并单击“Next”按钮。

3. 数据库用途

MySQL 数据库类型同样有三个选项，用户可以根据自己的需要进行选择，一般建议选择“Multifunctional Database”（通用多功能型），并单击“Next”按钮。

4. 配置 InnoDB Tablespace

在弹出的界面中需要为数据库文件选择存储空间，这里建议使用默认位置，并单击“Next”按钮。

需要注意的是，如果修改了存储空间，则需要记住位置，当重装时需要选择相同的位置，否则会对数据造成损坏。

5.MySQL 访问量

选择网站的一般 MySQL 访问量，通常有三个，这里建议选择“Decision Suport(DSS)/ OLAP（20 个左右）”，并单击“Next”按钮。

6. 端口的设定

在弹出的界面中确定是否启动 TCP/IP 连接，并设定端口。这里建议启用，因为如果不启用，就只能在自己的计算机上访问 MySQL 数据库了。因此，可以在前面“□”里打上钩，此时端口默认为3306，并单击“Next”按钮。

7. 设置数据库语言编码

在设置界面同样存在三个选项，其中第一个选项是西文编码，第二个选项是多字节的通用utf8编码，第三个选项是Character Set（字符集）。这里建议选择第二个或第三个选项，并单击“Next”按钮。

需要注意的是，如果选择第三个选项，就需要在选项中填入“gbk”或“gb123”。

8. 安装 Windows 服务

安装界面用于选择是否将MySQL安装为Windows服务和是否将MySQL的“bin”目录加入“Windows PATH”，这里建议加入，因此需要打上对钩，并单击“Next”按钮。

9. 修改默认 root 用户

修改默认root用户界面用于选择是否修改超级管理员的密码。通常来说，超级管理员的密码默认为空，如果对安全的要求较高，就可以勾选“New root password”，填入新密码，并单击“Next”按钮。

10. 确认是否有误

确认界面主要用来确认操作和设置，如果某一步骤有误或者想要修改，则可以单击“Back”按钮，返回检查；如果确认无误，则可以单击“Execute”，使得设置生效，并单击“Finish”按钮，结束安装和配置。

至此，Java Web的开发环境已经全部搭建结束，程序开发人员可以打开相应的服务器，以完成Java Web程序的编写，探索Java Web的设计与应用。

第二章　Java Web 基础

要想应用 Java Web 开发环境编写应用程序，就需要了解编写应用程序的语言、语法、语句等基础知识，以设计出具有特定功能的代码。

本章主要介绍 Java Web 基础，包括 HTML 语言、CSS、JavaScript 等，旨在帮助应用开发人员更好地进行开发。

第一节　HTML 语言与应用

HTML 语言是由文字和标签组合而成的，其具有强大的作用，不仅可以结构化网页中的信息，而且可以将非文字元素（如图片、音乐、链接等）添加到网页上。

不仅如此，浏览器或其他可以浏览的设备可以按照定义的格式对 HTML 语言进行“翻译”，最终转化为用户看到的网页。因此，HTML 语言在网页设计中具有重要的应用价值。

一、HTML 基本结构

HTML 是纯文本文件，因此可以使用文本编辑器对其进行编辑，如记事本、FrontPage 等，创建基本 HTML 页面的方法如下。

（1）在记事本或编辑器中输入以下代码，并将其保存为以“.htm”或“.html”为扩展名的文件，命名为“index.html”。

```
<html>
<head>
<title> 浏览器页面 </title>
</head>
<body>
```

```
欢迎来到新的世界!
</body>
</html>
```

（2）双击 index.html 网页，则可以在浏览器中显示该网页，如图 2-1 所示。

图 2-1　index.html 网页

上述代码是一个 HTML 文件最基本的结构，各部分的含义如下。

（1）<html> 和 </html>：表示该文档的类型，即该文档是 HTML 文档。

（2）<head> 和 </head>：标明文档的头部信息，通常包括标题和主题信息，也可以在其中嵌入其他标签，表示文件标题、编码方式等属性。注意，该部分信息并不出现在页面正文之中。

（3）<title> 和 </title>：表示该文档的标题，其文本信息通常显示在浏览器的标题栏中。

（4）<body> 和 </body>：表示网页的主体信息，其文本信息的形式多样，包括各种字符、表格、图像及各种嵌入对象等。

在 HTML 中，由“<>”和“</>”括起来的文本称为标签。“<>”表示开始标签，“</>”表示结束标签，这两者之间需要配对使用。开始标签和结束标签之间的部分是该标签的作用域，如 <html></html> 等，HTML 就是以这些标签来控制内容的显示方式的。

在 HTML 文件中，大部分标签通常是成对出现的，但也存在不成对的标签，这类标签不控制显示形态，单独出现一次即可，如换行标签

。需要注意的是，标签并不区分大小写，具有较高的自由度。

二、HTML 常用标签

在 HTML 语言中，存在很多标签，包括文本标签、超链接标签、表单等，这些标签是进行网页设计不可缺少的重要元素。

通常来说，不管是设计静态网页还是动态的网页，都必须学习和掌握上述标签的用法和注意事项，这样才能设计出具有不同效果的网页。

（一）必备标签

1.<!DOCTYPE> 标签

<!DOCTYPE> 主要用来说明 HTML 或 XHTML 的版本和声明用于浏览器进行页面解析的文档类型定义文件，其格式如下：

<!DOCTYPE HTML PUBLIC " -//W3C//DTD HTML 1.0（版本号）Transitional//EN" "http://www.w3. org/TR/ xhtml1/ DTD/xhtmll - transitional. dtd" >

通常来说，该标签放在 HTML 文件的最上面，即 <html> 标签的上面。

2.<html> 标签

<html> 标签表示 HTML 文档的开始，通常放在 <!DOCTYPE> 标签的下面。同时，在 HTML 文档结束的位置需要有对应的 </html> 标签，以表示 HTML 文档的结束。

3.<head> 标签

<head> 标签表示 HTML 文档头部内容的开始，提供和 Web 页有关的信息，并不包括 Web 页的任何实际内容，同时在文档头部内容结束的位置需要添加 </head> 标签。

4.<title> 标签

<title > 和 </title > 标签中间所包含的文字代表 Web 页的标题，显示在 Web 浏览器最上面的标题栏中，通常将这两个标签写在头部标签 <head> 和 </head> 之间。

需要注意的是，为便于用户使用和添加，标题文字建议使用具有明确含义的中文。

5.<body> 标签

<body> 标签和 </body> 标签之间是文档的主体，可以通过该标签的某些属性设定 Web 页面的背景色、图片背景、文字的颜色等，见表 2-1，其语法格式如下：

<body [bgcolor = # l text = # llink = # lalink = # lvlink =# l background = 图像文件名]>

表 2-1　body 标签的属性和属性值

属性名称	属性值
bgcolor	定义网页的背景色
background	定义网页背景图案的图像文件
text	定义正文字符的颜色，一般默认为黑色
link	定义网页中超链接字符的颜色，一般默认为蓝色
alink	定义被鼠标选中，但未使用时超链接字符的颜色，一般默认为红色
vlink	定义被访问过的超链接字符颜色，一般默认为紫红色

6.<font> 标签

<font> 标签用来改变网页中字体的大小和颜色，其语法格式如下：

<font size = # color = # face = # color =#> 需设置的文字 </font >

其中，size 后面的数值代表文本字体的大小。face 后面的数值设定字体的风格，可以有多个值，通常使用逗号加以分隔，字体使用方式为从左向右。如果没有设定字体的风格，则默认为“宋体”。color 后面的数值代表文本的颜色，可以使用英文名称、十六进制数、RGB 函数进行表达。

（二）常用的文本标签

文本是网页中基本的和重要的元素之一，在网页上输入、编辑、格式化文本元素是制作网页的基本操作。

通过文本信息，浏览者可以快速了解网页的内容和传达的信息，文本是网页中不可缺少的元素。因此，制作者通常需要借助文本标签设计和制作网页，可以将文本标签分为以下几类。

1. 标题标签

标题标签的主要作用是设置网页内容标题，通过 <hi> 和 </hi> 标签配对使用可完成上述任务。其中，标题标签可以分为六种（i 的取值为 1 ~ 6），表示不同字号、不同字体以及不同段落间距的标题。

同时，在 <hi> 标签中，可以通过属性标签 <align> 对标题的对齐方式进行设置，默认对齐方式是左对齐。

2. 段落标签

段落标签的作用是标记段落的开始和结束，一般通过 <p> 和 </p> 标签配对使用。其中，</p> 可以省略，到下一个 <p> 开始新的段落。

换行标签
 可以将文字强制换行，取消换行标签为 <nobr>。右缩进标签 <blockquote> 可以缩进文字的段落，居中对齐标签 <center>。

3. 格式化标签

格式化标签的主要作用是将网页内容预先格式化，通常使用 <pre> 和 </pre> 标签配对使用，被包围在该标签对内的文本通常会保留空格和换行符，呈现为等宽字体。

4.<hr> 标签

<hr> 标签的主要作用是为文本添加一条横线（水平线），其语法格式如下：

<hr[size =# l align =# l width =# lcolor = #l noshade] >

其中，“align” 表示水平线的位置，其属性值有三个，分别为 right、center 以及 left；“width” 表示水平线的长度，可以用像素值或满屏宽度的百分数表示，默认为 100%；“size” 表示水平线的厚度，可以用像素值 2，4，8，16 等表示，默认为 2；“noshade” 表示水平线是否为实心线，默认为阴影线。

例如：

<hr align = " center"width = "50% "/ ><hr size = "50"/ >

<hr noshade = " noshade"/ >

5. 文本修饰标签

各类浏览器均支持使用文本修饰标签，其主要作用是修饰网页的文本，常见的文本修饰标签见表 2–2。

表 2–2　常见的文本修饰标签

标签	说明
<b>软件工程专业！ </b>	定义粗体
<i>软件工程专业！ </i>	定义斜体

续表

标签	说明
<u>软件工程专业！ </u>	定义下画线
<del >软件工程专业 !</del >	定义删除线
<sup>软件工程专业！ </sup >	定义上标
<sub>软件工程专业！ </sub >	定义下标
<strong>软件工程专业！ </strong >	定义着重文字，与 <b></>效果相同
<em>软件工程专业！ </em >	定义加重语气，与 <i></i>效果相同
<small>软件工程专业！ </small >	变小字号
<big>软件工程专业！ </big >	变大字号

（三）表单

表单是常用的网页元素之一，其主要作用是收集客户端的信息，使得动态网页具有交互功能。

通常来说，表单会放在一个 HTML 文档之中，当用户将相关信息填写并提交之后，表单的内容就会从客户端发送到服务器端，随后由服务器端进行处理，进而将用户所需要的信息发送到客户端的浏览器中。

表单主要由两部分组成，即窗体和控件，创建表单的语法格式如下：

```
<form action = "url" method = "get/post" name = "myform" target ="_blank">
……
</form>
```

其中，<form> 和 </form> 是表单的配对标签，在这两个标签之间的一切定义（包括表单控件及其伴随数据）均为表单的内容。在表单内容中，我们可以设置表单标签的各种属性和相关操作。

表单标签的主要属性包括三个，即 action、method 和 target，三者的属性见表 2-3。

表 2-3　表单标签的属性

属性	作用	属性的值含义
action	定义处理表单的方式	属性的值是表单提交的处理程序的程序名，通常是脚本或程序的完整URL（可以是绝对地址或相对地址）。如果该地址是邮件地址，则程序运行后会把提交的数据以邮件形式发送；如果属性的值是空值，则表示当前文档的URL 将被默认使用
method	定义处理程序从表单中获得信息的方式	其取值通常为POST 和GET，其默认取值通常为后者。该属性的值表示收集到的表单数据的发送方式，POST 表示表单数据，和URL 分开发送，其传送的数据量相对较大，因此速度相对较慢；GET 表示表单数据会被CGI 程序或JSP 程序从HTML 文档中获得并将URL 附加到表单数据之后共同发送，这种方式传送的数据量是有限的
target	用来指定目标窗口的打开方式。其中，表单的目标窗口的作用是显示表单的返回信息（如提交是否成功等）	其有4 个取值：一是_blank，表示返回的信息在新的窗口显示；二是_self，表示返回的信息在当前浏览器窗口显示；三是_top，表示返回的信息在顶级浏览器窗口显示；四是_parent，表示返回的信息在父级窗口显示

根据填写方式的不同，表单控件可以分为两大类，即输入类和菜单列表。前者使用得较为广泛，一般以 input 开始，表示该控件需要输入，其语法格式如下：

```
<form>
<input name=" 控件名称 " type=" 控件类型 ">
</form>
```

其中，控件名称的功能是对当前所选择的控件进行标识，只有通过控件名称，才能对当前选择的控件进行相关设置；文本框、按钮和密码域则由控件类型的值和控件属性决定。

（四）列表标签

列表标签的作用是对网页中的相关信息进行合理布局，将项目有序地罗列，以便于用户进行操作和浏览。

在 HTML 中，列表标签可以分为五种，即无序列表（<ul> 和 </ul>）、有序列表（<ol> 和 </ol>）、定义列表（<dl> 和 </dl>）、菜单列表（<menu> 和 </menu>）和目录列表（<dir> 和 </dir>），前三种使用得较为广泛。

1. 有序列表

在有序类表中，每个列表项前都有表示顺序的数字，并由 <li> 开始，其代码如下：

```
<html >
<body >
<h4 > 一个排序列表 ( Ordered List ): </h4 >
<ol >
<li> 大学英语 </li>
<li> 思想政治 </li >
<li > 科学实验 </li >
</ol >
</body >
</ html >
```

2. 无序列表

和有序列表不同，无序列表不会应用不同数字对每个列表项进行标记，而是采用符号对每个列表项进行标识，其代码如下：

```
<html >
<body >
```

```
<h4> 不排序列表 (Unordered List ) : </h4 >
<ul >
<li> 大学英语 </li >
<li > 大学物理 </li >
<li> 电子信息 </li >
</ul>
</ body >
</html >
```

3. 定义列表

通常来说，<dl> 标签和 </dl> 标签用来指定定义列表的开头和结尾，其语法格式如下：

```
<dl >
<dt > 列表项 </dt >
< dd > 列表项解析 </dd >
< dd > 列表项解析 </dd >
< dt > 列表项 </dt >
……
</dl >
```

定义列表的作用是将数据格式化为两个层次：第一层数据是某个名词，应用 <dt> 标签和 </dt> 标签进行指定；第二层数据是该名词的解释，应用 <dd> 标签和 </dd> 标签进行指定。

（五）书签

在 HTML 中，需要定义书签后才能在超链接中使用，通过使用书签的方式，可以有效减少代码的数量，其语法格式如下：

```
<a name =" 书签名 ">
```

需要注意的是，书签名只能用英文和数字，在超链接中使用书签的语法格式如下：

```
<a href ="# 书签名 "> 超链接标志 </ a >
```

网页示例代码：

```
<a name = " top" > <h2> 课程介绍 </h2 > </a >
< ! -- 制作 4 个书签的超链接 -- >
<a href = "#T1">C 语言程序 </a > <br >
<a href = "#T2"> 计算机网络技术 </ a > <br >
<a href = "#T3"> 大数据技术 </a > <br >
<a href = "#T4" > 数据库算法 </ a >
<h3 > <a name = "T1"> 工科课程 </a > </h3 >
<p >     ;  ;  《C 语言程序》是计算机科学与技术、电子信息工程的基础。</p >
<! -- 定义一个返回总目录书签的超链接 -->
<a href = " #top"> 返回页首 </ a >
<a name = "T4"> 人工智能 </a > </ h3 >
<p >      大数据技术是计算机课程。</p >
<p > <a href = " edu_3 - 3_bookmark. html#zhineng" > 大数据技术发展现状 </ a > </p >
```

运行上述代码之后会显示出课程介绍的页面。此时，单击“数据结构”这一超链接文字，则会跳转到超链接连接的地方。

（六）超级链接标签

超链接标签是 HTML 常用的标签之一，其作用是链接各个网页形成网站或链接站点和网页之间的元素。

超链接是指从一个网页指向一个目标的连接关系，网页中的超链接对象通常是一张图片或一段文本。实际上，超链接指向的目标可以是一个网页、电子邮件地址或应用程序，其语法格式如下：

< a href = "url"> 超链接标识 </a >

其中，url 的作用是指明链接目标的具体路径和文件名；超链接标志是网页中链接的载体，通过单击该标志可以跳转到超链接的目标位置。一般来说，该标志可以是文字或图像等元素，例如：

<a href = "url" name = "" title =" 提示信息 " target =" 窗口名称 "> 超链接标题 </ a >

超链接是由目的地址、链接标题、打开方式三部分组成的。其中，href(href Hypertext reference) 表示链接指向的目标文件。name 表示创建文档内的标签。title 表示指向链接的提示信息。target 表示指定打开的目标窗口，共有 5 种取值：一是 _parent，表示上一级窗口打开；二是 _blank，表示新窗口打开；三是 _self，表示同一窗口打开；四是 _top，表示整个窗口打开；五是 framename，表示框架名打开，通常默认取值为 _self。例如：

```
< html >
<head >
<title > 超链接应用 </title >
</ head >
< body >
        <center >
        <b> 超链接应用 </b> </br >
        <hr size = "3" color = " green" >
          <a href = " http: // www. baidu. com" > 百度 _self </ a > </br >
          <a href = " http: // www. njust. edu.cn" target = " _blank"> 北京
大学 _blank </a > </br >
          < a href = " http:// www. google. com.hk" target = " _top" >
Google_top </ a > </br >
        <a href = " http:// www.cisco. com"target = " _parent" >Cisco_
```

```
parent </a > </br >
    </ center >
    </ body >
    </ html >
```

在上述代码中，将 target 的取值设置为 _blank，说明单击该链接会出现一个新的窗口，在新窗口中显示“北京大学”的文本。

1. 超链接路径

在建立超链接时，链接路径有以下三种。

（1）绝对路径。

所谓绝对路径，是指文件的完整路径，在绝对路径中，包括文件传输的协议和盘符等信息。绝对路径分为两种：一是从盘符开始定义的文件路径，如 E://lweblindex.html；二是从协议开始定义的 URL 网址。一般来说，网站的外部链接通常使用绝对路径建立。

（2）相对路径。

所谓相对路径，是指从当前文件所在的位置指向目的文件的路径，相对于当前文件的路径。例如，web/index.html 表示当前目录 Web 目录下的 index. html。

（3）根路径。

一般网站的根目录就是域名下对应的文件夹。一般来说，根路径从网站的最底层开始，其写法如下：首先以一个斜杠“/”开头，这是根路径的标志，其次书写文件夹名，最后书写文件名，如 /download/index.html。

网站的内部链接可以使用根路径建立，但必须在配置好的服务器环境中进行使用，因此并不推荐使用根路径。

需要注意的是，在网站之中经常会提供文件或软件等资源的下载超链接，该链接指向文件所在的相对路径或绝对路径。如果网页内容太长或要导航到另一个页面的具体位置，则可以使用 HTML 中的书签进行代替。

2. 超链接类型

根据超链接指向位置或目标的不同，其分为两种类型，即内部链接和外部链接。前者是指网站内部文件之间的链接，后者是指网站内的文件链接到网站外的文件。

三、HTML 的应用

HTML 语言通过多种标准化的标签符号对网页内容进行标注，描述和指定页面内容的输出格式（如字体颜色、大小、表格形式等），并对各个内容之间的逻辑组织关系进行设置，如插入背景音乐、插入图像等，其应用十分广泛，具体体现在以下方面。

（一）插入图像

<img > 标签的作用是在网页上插入图像，通过设置该标签的众多属性不仅可以控制图像的路径，而且可以设置尺寸和替换文字等，其基本语法如下：

```
<img src = " url" width = "" height = "" hspace= "" align="" border = ""
alt ="" >
```

其中，src 属性表示图像的 URL 路径，包括相对路径和绝对路径；width/height 属性表示设置图片的宽度和高度；align 属性表示设置图片的布局方式；border 属性表示设置图片的边界；alt 属性表示添加图片的替代文字。

例如，可以在网页上插入自己喜欢的图像，其示例代码如下：

```
<!doctype html ><html lang = " en" >
<head >
<meta charset = " UTF-8"><title > 插入图片 </title >
</ head >
```

```
<body >
<center >
<h2 > 网页中插入图片 </h2 >
<hr color = "#66ff33" width = "80% " ><img src = " images1 . jpg" alt ="
网络机房 "></ center >
</ body >
</html >
```

运行上述代码，则可以看到在网页中插入的图片（images1. jpg 所对应的照片）。如果图片加载不成功，则会在照片的位置出现替代文字。因此，我们可以通过是否有替代文字来判断是否在网页中成功插入图像。

通常情况下，可以通过图片的 align 设置图片的布局方式，其取值包括以下几种：一是 top，表示图像的顶端和当前行的文字顶端对齐，当前行的高度相应增加；二是 bottom，表示图像的底端和当前行的文字底端对齐，当前行的高度相应增加；三是 middle，表示图像的水平中线和当前行的文字中线对齐，当前行的高度相应增加；四是 left，表示图像左对齐，浮动于文字之外，行高度保持不变；五是 right，表示图像右对齐，浮动于文字之外，行高度保持不变；六是 center，表示图像中线和当前行的文字中线对齐，当前行的高度相应增加。

（二）添加滚动文字

在 HTML 中，运用 <marquee> 标签和 </marquee> 标签可以在网页中设置滚动文字的效果，进而丰富网页的内容，增加一定的动态效果，其基本语法如下：

```
<marquee width = " " height = " " bgcolor = "" direction = " up down
leftl right" behavior = " scroll slide alternate" hspace = "" vspace = ""
scrollamount="" scrolldelay = " " loop = "" onMouseOver = " this. stop()"
onMouseOut = "this.start()"> 滚动内容 </ marquee >
```

其中，onMouseOver = “ this. stop()”属性值对的作用是当光标移动到滚动文字区域时，滚动的文字内容将暂停滚动；onMouseOut = “this. start()”属性值对的作用是当鼠标移出滚动文字区域时，滚动的文字内容将继续滚动；width/height 属性是指设置滚动文字的宽度和高度；bgcolor 表示设置滚动文字的背景；direction 属性表示设置滚动文字的方向，共有四种取值，即 up，left，right 和 down；loop 属性表示设置滚动文字的循环次数等。

例如，现在想要在网页中设置滚动文字“床前明月光，疑是地上霜”，其代码如下：

```
< ! doctype html >
<html lang = " en" >
<head >
<meta charset = "UTF -8"><title > 添加滚动文字 </title >
</ head >
<body >
<center >
<h3 > 添加滚动文字 </h3 >
</center >
<hr color = "#000066" >
<marquee >
<font face =" 楷书 " size = "7" color = "#33cc33"> 床前明月光，疑是地
上霜 </ font >
</ marquee >
</ body >
</ html >
```

运行上述代码可以发现，在网页中，“床前明月光，疑是地上霜”文字以楷书字体重复滚动。

（三）添加背景音乐

我们在日常浏览网页的过程中有时会发现，打开某个网页会伴随一阵音乐声，这是因为在网页中使用了 <bgsound> 标签。如果要想在网页中添加背景音乐，则可以采用 <bgsound> 标签加以实现，其语法格式如下：

```
<bgsound src =" 背景音乐地址 "loop = " 播放次数 ">
```

其中，src 的属性表示背景音乐文件的名称（带后缀）或地址；loop 的属性表示播放的次数，可以应用数字表示，正整数代表音乐或声音播放的指定次数，而 -1 和 infinite 则表示无限次播放，直至关闭浏览器。

需要注意的是，背景音乐可以是声音文件或音乐文件，最常用的是 mp3，midi 和 wav 文件。

（四）添加音视频文件

音视频是网站设计中不可缺少的元素之一，这些元素的存在使得网页的形式更加丰富，内容更加出彩。大多数音视频都是借助插件 Flash 进行播放的，但并不是所有的浏览器都具有同样的插件。可以借助音频标签 <audio> 和视频标签 <video> 加载音视频。

1. 添加音频文件

在 HTML 之中，可以使用音频标签 <audio> 播放音频流或声音文件，其格式如下：

```
<audio src = " song. ogg" controls = " controls" autoplay = " autoplay" >
```

其中，src 属性表示音频的 URL；controls 属性表示向用户显示音频播放控件；autoplay 属性表示音频就绪后立即播放。

在网页中添加音频文件的示例代码如下：

```
<audio controls height="100" width="100">
<source src="horse.mp3" type="audio/mpeg">
```

```
<source src="horse.ogg" type="audio/ogg">
<embed height="50" width="100" src="horse.mp3">
</audio>
```

上述代码的运行效果是向用户显示音频播放的控件，其宽度和高度均为 100px；播放的音频文件为 horse.mp3 所对应的音频。

2. 添加视频文件

在 HTML 之中，可以使用视频标签 <video> 加载和包含视频，其语法格式如下：

```
<video src = " movie. ogg" width = " 320" height = "240" controls = "controls" autoplay = " autoplay" >
```

视频标签 <video> 存在很多属性，这些属性有不同的作用和功能，见表 2-4。

表 2-4　视频标签 <video> 的属性

属性	作用或描述
autoplay	视频就绪后立即播放
controls	向用户显示视频播放控件
proload	在页面加载的同时加载视频，并预备播放，如果使用 autoplay则忽略该属性
loop	循环播放
src	视频的 URL
width	设置播放器的宽度
height	设置播放器的高度

在网页中添加视频文件的实例代码如下：

```
<video width="320" height="240"controls>
```

```
<source src="movie.mp4" type="video/mp4">
<source src="movie.ogg"type="video/ogg">
<source src="movie.webm" type="video/webm">
<object data="movie.mp4" width="320"height="240">
<embed src="movie.swf" width="320" height="240"></object>
</video>
```

在上述代码中，播放的视频文件是 movie.mp4，并具有向用户显示视频的播放控件，其宽度为 320px，高度为 240px。

第二节　CSS 基础知识与应用

CSS 主要用来设计网页的风格，也被称为级联样式表。CSS 定义了 Web 网页中元素的显示方式，为 HTML 标记语言提供了一种样式描述。

一、CSS 特点

传统 HTML 具有很多缺点和不足，如维护困难、网页过于“臃肿”、标签不足、定位困难等，CSS 则为 Wed 设计提供了新的方案，通过 CSS 技术可以修改一个小的样式，进而更新与之相关的所有页面元素，在很大程度上提高了工作效率。CSS 具有以下特点。

（1）页面的字体变得更加漂亮、更容易编排。

（2）可以在不同的浏览器中使用。

（3）可以轻松控制页面的布局。

（4）只要修改 CSS 文件，就可以改变整个网站的页面风格，最终实现网站中网页的风格统一的目的。

综上所述，CSS 可以将表现和内容分离，分别设计网页内容和表现形式，进而加强网页的表现力，增强网页风格的一致性。

二、CSS 选择器

CSS 是一个包括一个或多个规则的文本文件，使用 CSS 需要制定选择器，而 CSS 选择器的类型主要包括以下四种。

（一）标签选择符

应用标签选择符表示该样式立即生效，其用法如下：

P,h1{ font-size:40px; color :red;font -family : 楷体 ;}

上述标签选择符可以将 Web 页面上的元素变为楷体、红色等样式，对 HTML 的标签进行重定义。

（二）类选择符

类选择符需要以点号“.”开头，如“. div1”“.files ”等，对类选择符可以任意命名。需要注意的是，如果某些标签的样式相同，则可以将其定义成标签选择符。例如：

.div1 ,.file { background : red; color : white ; }

（三）ID 选择符

ID 选择符通常以“#”开始，如“# div1”“#files ”等，并可以任意命名。例如：

#div1 { background : red ; color : white ; }

需要注意的是，ID 选择符与类选择符并不相同，两者有着本质的区别，主要体现在以下方面。

（1）ID 选择符在页面标记中只能使用一次。

（2）在样式优先级方面，ID 选择符样式比类选择符高。

（3）ID 选择符只能单独定义某个元素的样式，因此仅在特殊情况下加以使用和选择。

（四）伪选择符

伪选择符是一种特殊的类选择符，这类选择器最大的作用是对链接标签的不同状态定义不同的样式效果。例如：

a : link { color :#339999 ; text - decoration : none ; }

a : visited { color : #33cc00 ; text - decoration : none }

a : hover { color : red ; text - decoration ：underline ; }

a : active { color : blue ; text - decoration : underline ; }

三、CSS 的引用

CSS 样式表的类型有四种，即内联样式表、内部样式表、链接外部样式表以及导入外部样式表。

（一）内联样式表

内联样式表也叫行内样式表，其语法如下：

< 标签 style =" 属性 : 属性值 ; 属性 : 属性值 ;……" >

其中，标签一般指 HTML 标签，包括 <body> <table> 等。style 定义只能影响标签本身，需要注意以下两点：一是 style 的多个属性之间需要使用分号进行分隔，二是标签本身定义的 style 优先于其他所有样式定义。示例如下：

<p style = " color : red ; font - size :28px ; " > 本段落生效 </p>

（二）内部样式表

内部样式表指将 CSS 样式使用 <style> 标签围堵，并将其放在网页文件的头部，例如：

<html >

<head >

```
<style type = " text/css" >
< style=" font - size : 18px; color : #003366 ">
</ style >
</ head >
    <body >
  <hl >
  </body>
  </html>
```

需要注意的是，这种书写方式只能影响单个文件，并不能影响全部CSS 文件。

（三）链接外部样式表

链接外部样式表是 CSS 常用的引用方式之一，其基本语法格式如下：

```
<style type = “ text/ css” >
@import url(“ 外部样式表的文件名称 ”);
p,pl {font - size : 18px; color : blue }
< / style >
```

需要注意的是，在 import 语句的后面必须加上“;”号。同时，@import 应该放在 style 元素的最前面。

（四）导入外部样式表

导入外部样式表也是 CSS 常用的引用方式之一，其语法如下：

```
<link type = " text/ css" rel = " stylesheet " href = " 外部样式表的文件名称 " / >
```

其中，<link > 标签是单标签，需要将其放在头部，而非使用 <style> 标签。外部样式表的文件名称必须带后缀名“.css”。

需要注意的是，当外部样式表修改后，所有引用的页面样式将自动更新。如果引用的页面样式链接着几个外部样式表，则按照行内样式、ID样式、类样式、标签样式的顺序（从高到低）进行引用。

例如，在 CSS 文件中设计所有网页的风格为蓝色背景，并链接外部样式表，其代码如下：

style.css 代码：

```
. pl { font - size : 18px ;
color: red;
}
```

网页内容代码：

```
<html >
<head >
<title > 链接外部样式表 </title >
<link rel = " stylesheet" type = " text/css" href = " style. css" >
</ head >
<body >
<p class = " pl" > 此行文字被 style 属性定义为红色显示 </p >
<p> 此行文字没有被 style 属性定义 </p >
</ body >
</ html >
```

四、float 定位法

float 布局在实际开发中应用较多，是定位的方式之一。无论是页面的导航栏还是列表页等布局都需要借助 float 这一属性，其属性的值和意义描述如下。

（1）left：元素向左浮动。

（2）right：元素向右浮动。

（3）inherit：规定应该从父元素继承 float 属性的值。

（4）none：默认值。元素不浮动，并会显示其在文本中出现的位置。

根据布局的不同，float 定位分为文档流布局、float 布局两类。

（一）文档流布局

网页中的大部分对象默认占用文档流。所谓文档流是指文档中可显示对象在排列时所占用的位置，如因为 <div> 标签和 <p> 标签是块状对象，所以网页的 <div> 标签和 <P> 标签默认占用的宽度位置是一整行。默认文档流代码如下：

```
<html >
<head >
<style type = " text/ css" >
< ! --
.c1 {width :300px ; border:4px solid #f63 ; }
.c2{height :50px ;}
#s1 {background - color : yellow ; }
#s2{background - color : red; width : 100px ; }
#s3 {background - color: blue; width : 100px ; }
-- >
</ style >
<title> 普通文档流 </title >
</ head >
<body >
<div   class = "c">
          <div class = "c2" id ="s1" >1 </div >
          <div class = "c2" id ="s2" >2</div >
          <divclass = " c2" id ="s3" > 3 </div >
</div >
```

```
</ body >
</html >
```

（二）float 布局

float 布局是一种可视化格式布局。把一个元素“浮动”（float）起来，会改变该元素本身和在正常布局流（normal flow）中跟随它的其他元素的行为。这一元素会浮动到左侧或右侧，并且从正常布局流（normal flow）中移除，这时候其他的周围内容就会在这个被设置浮动（float）的元素周围环绕。

当一个元素浮动之后，它会被移出正常的文档流，然后向左或者向右平移，一直平移，直到碰到了所处的容器的边框，或者碰到另外一个浮动的元素。

在 css 中，我们可以通过定义 float 属性实现浮动布局。

clear 清除浮动与 float 属性有一个相对的属性：clear 属性。它的作用主要是为当前标签清除浮动所带来的影响。

第三节　JavaScript 的特点和内容

JavaScript 是一种具有面对对象能力的、解释型的程序设计语言，是基于对象和事件驱动的客户端脚本语言，它和 Java 语言并没有直接关系。

JavaScript 只需要支持它的浏览器就可以运行，并不需要在特定的语言环境下。其主要目的包括验证发往服务器端的数据、加强用户体验、增强 Web 交互性等。

一、JavaScript 的特点

作为一种客户端脚本语言，JavaScript 语言具有操作简单、易于理解等优势，呈现出以下特点。

（一）解释型语言

和其他脚本语言相同，JavaScript 语言是一种解释型语言，提供较为简单便捷的开发方式。其特点是采用小程序段的方式进行编程。

需要注意的是，JavaScript 语言并不需要事先编译，而是在程序运行过程中被逐行解释。因此，该语言可以和 HTML 标签进行结合，使得用户的使用操作更加方便。

（二）面向对象编程

和 C++ 语言相似，JavaScript 是一种基于对象的语言，因此在 JavaScript 中同样可以运用已经创建出的对象，这意味 JavaScript 具有继承的特性，在编写程序时可以尽量减少重复的代码。

需要注意的是，由于 JavaScript 中的面向对象继承机制是基于原型的，因此 JavaScript 中的对象可以将属性名映射为任意的属性值，这种方式很像哈希表或关联数组。

（三）松散类型的语言

JavaScript 语言的核心与 C、C++ 和 Java 语言相似，很多运算符、关键字都是相同的，如条件判断、循环、运算符等。不同的是，JavaScript 语言是一种松散类型的语言。也就是说，JavaScript 的变量不必具有一个明确的类型，这一点有助于开发人员灵活应用。

（四）有效防止数据丢失

虽然 JavaScript 可以跨平台使用，但却不允许访问本地的硬盘。也就是说，在 JavaScript 语言中，不能将数据存入服务器，不允许对网络文档进行修改和删除等操作，只能通过浏览器实现信息浏览或动态交互。

因此，JavaScript 语言可以有效地防止数据丢失，具有良好的保密性。

（五）具有动态性

动态性是 JavaScript 的重要特点之一，它可以直接对用户的输入做出响应，无须经过 Web 服务程序。

JavaScript 对用户的响应是以事件驱动的方式进行的。所谓事件驱动，就是指在主页中执行了某种操作所产生的动作，如按下鼠标、移动窗口、选择菜单等都可以视为事件驱动，事件发生后，可能会引起相应的事件响应。

（六）不依赖操作环境

JavaScript 依赖于浏览器本身，与操作环境无关。只要能运行浏览器的计算机，并支持 JavaScript 的浏览器就可正确执行。实际上，JavaScript 最杰出之处在于可以用很小的程序做大量的事，并不依赖操作环境。

二、JavaScript 语法基础

JavaScript 语言易于开发人员理解和掌握，其基本结构形式和 C 语言等十分相似。

JavaScript 通过嵌入或调入标准的 HTML，可以和 HTML 语言在一个 Web 页面中和 Web 用户进行交互，这在某种程度上弥补了 HTML 的不足。

（一）变量

计算机程序通常都是通过值（value）进行运算的，值的类型包括两类：一是常量，表示固定的数值，这类数值不会被改变；二是变量，是指对应到某个值的符号，该变量有可能随着程序的执行而发生改变，在很多情况下变量又称标识符。

1. 变量的命名方式

变量的作用是存储相关数据，在 JavaScript 中需要通过调用变量名，

才能对被存储在其中的数据进行操作。通常来说，变量名应当满足以下条件：

（1）名称必须以字母开头，也可以“$”和“_”开头（但是不推荐）。

（2）第 1 个字符不能是数字，但其后可以是字母、数字、下画线或美元符号。

（3）由于 JavaScript 对大小写敏感，因此变量名也对大小写敏感，必须区分变量名的大小写。

2. 变量的初始化和定义

在 JavaScript 中，要想使用一个变量名，必须首先定义该变量。定义变量时要使用 var 操作符，后面跟一个变量名。例如：

```
var box ;
alert( box ) ;
```

上述代码定义了 box 变量，但没有对该变量进行赋值，此时系统会给它一个特殊的值“undefined”（表示未定义）。

需要注意的是，由于 JavaScript 是松散类型的语言，因此可以同时改变不同类型的值，但这样往往会给后期维护带来一定的困难，且性能不高，因此并不建议开发人员改变变量的类型。

同时，在 JavaScript 中，允许开发人员不用声明变量而直接使用，而是在变量赋值时自动声明该变量。也就是说，开发人员并不需要利用前面的 var 关键字即可创建变量，但是这样存在一个弊端，那就是容易引起误解，而且需要特别注意作用域，因此并不推荐这种做法。

在 JavaScript 中，如果想要声明多个变量可以在一行或者多行操作，也可以使用一条语句定义多个变量，但需要把每个变量用逗号分隔开，其示例代码如下：

```
var box = "l" , age = "18"， height ;
```

采用一条语句定义多个变量的方式，对开发人员和设计人员来说，会增加程序可读性的难度。因此，并不推荐上述做法。

（二）关键字和保留字

ECMAScript 描述了一组具有特定用途的关键字（keyword）。这些关键字标识了语句的开头或结尾，见表 2-5。

表 2-5　JavaScript 的关键字

关键字	含义或作用
break	打断，跳出循环
delete	删除一个属性
for	循环语句
new	创建一个新对象
try	接受异常并做出判断
case	捕捉
do	声明一个循环，可以通过 while关键字设置循环结束的条件
function	定义函数的关键字
return	返回
typeof	检测变量的数据类型
catch	配合 try进行错误判断
else	否则配合 if条件判断，用于条件选择的跳转
if	用来生成一个条件测试，如果条件为真，就执行 if下的语句
switch	弥补 if多重判断语句的不足
var	声明变量
continue	继续
finally	预防出现异常时用的，无论异常是否发生都会处理
in	配合 for遍历对象，判断某个属性是否属于某个对象

续表

关键字	含义或作用
this	总是指向调用该方法的对象
void	空 / 声明没有返回值
default	配合 switch，当条件不存在时使用该项
with	用于设置代码在特定对象中的作用域
instanceof	判断某个对象是不是另一个对象的实例
throw	投、抛出现异常
while	循环语句

根据相关规定，JavaScript 的关键字是保留的，不能将其作为变量名或函数名。需要注意的是，如果把 JavaScript 关键字用作变量名或函数名，可能得到诸如“Identifier Expected”(应该有标识符，期望标识符) 这样的错误消息。

另外,JavaScript还描述了另一组不能用作标识符的保留字，见表2-6。

表 2-6　JavaScript 保留字

abstract	const	extends	import	package	static
booleam	debugger	final	int	private	super
byte	double	float	interface	protected	synchronized
char	enum	goto	long	public	throws
class	export	implements	native	short	transient
volatile					

需要注意的是，上述保留字并没有特定的用途，但随着 Web 技术的发展，这些保留字在将来很有可能被用作关键字，因此在对变量进行命名时，需要尽量避免变量名和这些保留字重名。

三、JavaScript 数据类型

JavaScript 数据类型可以分为基础数据类型、复合数据类型、特殊数据类型以及运算符。

（一）基础数据类型

在 JavaScript 中变量有很多类型，如果想要确认一个变量的数据类型，可以通过 typeof 运算符进行操作。

typeof 运算符是一个一元运算符，放在一个运算数之前，运算数可以是任意类型。它的返回值是一个字符串，该字符串说明运算数的类型信息当作字符串返回，见表 2-7。

表 2-7　typeof 运算符返回值含义

返回值	含义
Undefined	未定义
Boolean	布尔值
String	字符串
Number	数值
Object	对象
Function	函数

下面主要介绍三种类型。

1.Number 类型

Number 类型主要包括两类，即整型和浮点型。前者数值字面量是十进制整数，八进制数值字面量前导必须是 0；后者是指该数值中必须包含一个小数点且后面至少有一位数字。

2.String 类型

Sting 类型用于表示字符串，其格式如下：

（1）由双引号（"）或单引号（'）括起来都是允许的。

（2）符号必须成对出现。

例如：

var box = 'Lee';

var box = "Lee" ;

其中，Sting 类型还包括某些特殊的字符字面量，也叫转义字符，如 "\t" 表示制表符，"\n" 表示换行，等等。

3.Boolean 类型

Boolean 类型表示布尔型数据，true 和 false 是布尔型数据的两个取值，并区分大小写，其数据格式如下：

var box = true;

alert(typeof box) ;

（二）复合数据类型

复合数据类型是 JavaScript 常见的数据类型之一，可以分为 Object 类型、Array 类型两大类。

1.Object 类型

Object() 是对象构造函数。在 JavaScript 中，对象实际上是一组数据和功能的集合，可以通过执行 new 操作符创建对象类型的名称，如：

var box = new Object();

不仅如此，在 JavaScript 中，同样可以通过执行 new 操作创建其他类型的对象，例如：

var box = new Number(5) ;　//new String('Lee') , new Boolean(true)

alert(typeof box) ;　　// Object 类型

Object() 不仅可以传递数值、字符或布尔值等任意参数，还可以进行相应的计算，例如：

var box = new Object(5);　//Object 类型 , 值是 5

var age = box + 5;　　// 可以和普通变量进行运算

alert(result) ;　　// 输出结果 , 转型成 Number 类型

2.Array 类型

Array 类型表示数组数据，下标一般从 0 开始，是常用的数据类型之一。在 JavaScript 中，Array 类型的数组和其他程序语言有着较大的区别，那就是 Array 类型数组中的每个元素可以保存为任何类型，数组的大小也可以进行调整，例如：

var box =[' 如意 ',25,' 教师 ',' 山西 ']; // 创建包含元素的数组

var m = box[3];

（三）特殊数据类型

在 JavaScript 中，存在一些特殊数据类型，它们具有不同的作用和含义，在实际应用中不可或缺。

1.Undefined 类型

Undefined 类型只有一个值（特殊的 undefined），表示变量已经声明但没有初始化，其主要目的是正式区分空对象和未经初始化的变量，格式如下：

var box;

alert(age) ; // age is not defined

需要注意的是，没有必要显式地给一个变量赋值为 undefined，因为

即使不对没有赋值的变量进行赋值，也会隐式地将其赋值为 undefined。同时，未初始化的变量和未声明的变量并不相同。

2.Null 类型

Null 类型同样是只有一个值的数据类型，即特殊的值 null，通常用来表示空对象引用，其格式如下：

```
var box = null;
alert(typeof box);
```

需要注意的是，typeof 操作符检测 null，会返回 object。

如果定义的变量准备在将来用于保存对象，则可以将该变量初始化为 null，以便后续通过检查 null 的值来确定是否分配了对象引用，例如：

```
var box = null;
……// 省略处理代码
if ( box ! = null){
alert ( ‘box 对象已存在 !’);
}
```

（四）运算符

JavaScript 支持多种运算符，具体包括以下几类。

1. 算术运算符

常用的算术运算符主要包括七种，即加（+）、减（－）、乘（*）、除（/）、求余（%）、自增（++）、自减（－－）。

一般情况下，会用这些算术运算符进行数字运算，如果运算对象不是数值，而是字符等对象，那么后台将会通过 Number() 转型函数将其进行隐式转换，最后进行数字运算。

需要注意的是，如果“+”运算符两侧为字符串，则进行的操作为字符串连接，而不是数字加法运算，例如：

var box = 100 + '50';

var box =' 您的年龄是 :' ＋ 10 + 20;　//" 您的年龄是 :1020", 被转换成字符串

var box = 10 +20 +' 是您的年龄 ';　//"30 是您的年龄 ", 没有被转成字符串

var box =' 您的年龄是 :'+(10 + 20);　//" 您的年龄是 :30", 没有被转成字符串

2. 逻辑运算符

逻辑运算符通常和关系运算符配合使用，一般用于布尔值的操作，共有三种类型，即逻辑与（AND）、逻辑非（NOT）和逻辑或（OR）。

逻辑与运算符（&&）和逻辑或运算符（||）都属于短路操作，前者的第一个操作数如果返回 false，那么第二个操作数无论是 true 还是 false，其结果均会返回 false；后者的第一个操作数如果为 true，那么不会对第二个操作数求值。例如：

var box = true && age;　// 出错 , age 未定义

var box = false && age;　// 出错 , 不执行 age 了

var box = true ll age ;　// 正确

var box = false ll age ; // 出错 ,age 未定义

逻辑非运算符（！）可以用于任何值，其中无论这个值是什么数据类型，都会返回一个布尔值。其流程为，将该值转换为布尔值，然后取反。例如：

var box = ! 'Lee';　　// false

var box = ! 0;　　// true

var box = ! 8;　　// false

var box = ! null;　　// true

```
var box = !NaN;        // true
var box = ! undefined;    // true
```

需要注意的是，在操作数不是布尔值的情况下，逻辑运算符将遵循以下规则：

（1）所有对象都被认为是 true。

（2）null 和 undefined 被认为是 false。

（3）字符串当且仅当为空时才被认为是 false。

（4）数字当且仅当为 0 时才被认为是 false。

3. 关系运算符

关系运算符通常被用来进行比较，常用的包括以下几类：大于（ > ）、小于（＜）、大于等于（＞＝）、小于等于（＜＝）、相等（＝＝）、全等（＝＝＝）、不等（！ ＝）、不全等（！ ＝＝）。

在进行非数值操作时，关系运算符应当遵守以下规则：

（1）如果两个操作数都是数值，则进行数值比较。

（2）如果有一个操作数是数值，另一个操作数为其他数据类型，则将另一个操作数转换为数值，再进行数值比较。

（3）如果两个操作数都是字符串，则比较两个字符串对应的字符编码值。

（4）如果有一个操作数是对象，另一个操作数为其他，则需要调用 valueOf() 方法或 toString() 方法，然后进行结果比较。

除此之外，在相等和不相等的比较方面，关系运算符应当遵守以下规则：

（1）布尔值将会转化为数值，通常 false 转换为 0，true 转换为 1。

（2）字符串在比较之前将会转化为数值，然后进行比较。

（3）在不需要任何转化的情况下，null 和 undefined 是相等的。

（4）NaN 和任何类型数据包括自身都不等。

（5）对象需要调用 valueOf() 方法或 toString() 方法，然后将返回值进行比较。

（6）如果两个操作数均为对象，则比较两者是否指向同一对象，如果指向同一对象则返回 true，否则返回 false。

（7）在全等和全不等的判断方面，只有值和类型都相等才会返回 true。

4. 位运算符

位运算符是对操作数按其在计算机内的二进制数逐位进行逻辑运算或移位运算，共分为七种，即位非、位或、位与、位异或、左移、无符号右移、有符号右移，其作用见表 2-8。

表 2-8　位运算符及其作用

表示形式	作用
按位非～（NOT）	若数据对应为 0，则该位为 1，否则为 0（实质上是对数字求负，然后减 1）
按位或 |（OR）	若两数据对应位都是 0，则该位为 0，否则为 1
按位与 &（AND）	若两数据对应位都是 1，则该位为 1，否则为 0
按位异或 ^（XOR）	若两数据对应位相反，则该位为 1，否则为 0
左移（<<）	将左侧数据的二级制数向左移，由右侧数据表示的位数，空位则用 0 填充
无符号右移（>>>）	把所有位数（包括符号位）向右移动指定的数量，并用 0 填充空位。其中，正数运行的结果和有符号位右移相同，负数运行的结果则会得到非常大的数字
有符号右移（>>）	将一个二进制操作数对象按指定的移动位数向右移，右边溢出的位数被丢弃，正数时左边的空位用 0 补充，负数时则左边的空位用 1 补充

例如：

```
var box = ～ 25 ;     //-26
var box = 25 & 3;     // 1
```

```
var box = 25 | 3;       //27
var box = 25<<3;        //200
var box = 25 > > 2;     //6
var box = 25 > > > 2;   //6
```

5. 其他运算符

除了上述常见的运算符，JavaScript 还有赋值运算符（=）、字符串运算符和条件运算符等类型。

赋值运算是最常见的操作，代表将运算符（=）右侧的结果赋值给左侧的变量，通常分为“+=”“−=”“/=”“*=”以及“%=”五种。

字符串运算符只有“+”这一种，其作用是将两个字符串相加，前提是至少有一个操作数是字符串，例如：

```
var box = '100'+ '101';    //100101
var box = '100'+ 101;      //100101
var box = 100 + 101 ;      //201
```

条件运算符是三元条件运算符，实际上是 if 语句的简写形式，如：

var box = 5 > 4?‘ 对 ’:‘ 错 ’;// 结果为“ 对 ”,5 >4 返回 true 则把“ 对 ”赋值给 box。

四、JavaScript 数据类型转换

JavaScript 语言具有松散的特点，在定义变量时并不需要定制变量的数据类型，因此其代码的可读性并不强。为方便后续开发人员可以明确读懂代码，有必要掌握显式转化数据类型的方法和技巧。

（一）转换为字符串

要想将数值转换为字符串，可以借助 toString() 方法，该方法并不需要传参数，但在数值转换为字符串时，可以传递进制参数。例如：

```
var box = 10;
alert ( box. toString());        //10, 默认输出
alert( box. toString( 2 ) );     //1010, 二进制输出
```

（二）转换为数字

要想将非数值类型转换为数值，可以借助以下三种函数进行转换。

1.Number()

Number() 函数是转型函数，任何数据类型都可以借助该函数进行转换。例如：

alert(Number(true)) ;   // 1, Boolean 类型的 true 和 false 分别转换成 1 和 0

```
alert( Number(25 ) ) ;          //25, 数值型数据直接返回
alert( Number( null ) ) ;       //0, 空对象返回 0
alert( Number( undefined) ) ;   //NaN , undefined 返回 NaN
```

需要注意的是，在应用该函数进行字符串转换时，其机制比较复杂，应当遵循以下规则：

（1）只包含数值的字符串，将会直接转换为十进制数值，并自动去掉前导 0。

（2）如果字符串为空，则直接转换为 0。

（3）只包含浮点数值的字符串，将会直接转换为浮点数值，并自动去掉前导 0 和后导 0。

（4）其余字符串类型，返回 NaN。

2.parseInt() 和 parseFloat()

parseInt() 和 parseFloat() 函数专门用于将字符串转换为数值，前者主要用来处理整数、十进制数值、八进制数值和十六进制数值，后者主要处

理浮点数值。例如：

alert(parsetInt('456Lee')) ;   //456, 会返回整数部分

alert(parsetInt (' Lee456Lee')) ;   //NaN, 如果第一个不是数值，就返回 NaN

alert(parseInt ('12Lee56Lee')) ;   //12, 从第一个数值开始取，到最后一个连续数值结束

alert(parseInt ('56.12'));   //56, 小数点不是数值，会被去掉

例如：

alert(parseFloat ('123Lee')) ;   //123, 从字符串开头解析到第一个非数字字符为止

alert(parseFloat ('OxA')) ;   //0, 不认十六进制

alert(parseFloat ('123.4.5'));   //123.4, 只认一个小数点

alert(parseFloat ('0123.400'));   //123.4, 完整解析字符串为浮点数

alert(parseFloat('1.234e7'));   //12340000, 把科学记数法转换成普通数值

（三）基本数据类型转换

JavaScript 中的几乎所有类型的值都有与 true 和 false 这两个 Boolean 值等价的值。如果需要将某个类型的值转换为对应的 Boolean 值，则可以通过 Boolean() 函数进行转化，见表 2-9。

表 2-9 其他数据类型转换为 Boolean 类型

数据类型	转换为 true的值	转换为 false的值
Boolean	true	falase
Number	任何非零数字值	0和 NaN
String	任何非空字符串	空字符串
Object	任何对象	null
Undefined	—	undefined

例如：

```
var hello = 'Hello World ! ';
var hello2 = Boolean( hello ) ;
alert( typeof hello) ;
```

显然，这种转换方式是一种显示转换，是强制性转换，实际上，还存在一种隐式转换，如在 if 条件语句中加入条件判断：

```
var hello = 'Hello World ! ';
if ( hello)
…
```

五、事件处理

在对象化编程的过程中，事件处理是一个相当重要的环节。如果缺少事件处理这一环节，程序就会变得比较“死板”，缺少灵活性。通常来说，事件处理的过程如下：发生事件、启动事件处理程序、做出反应。

在 JavaScript 中，事件是指由访问 Web 页面的用户引起的一系列操作，包括鼠标的移动、键盘的输入、当前页面的关闭等。一旦用户执行这些操作，程序就会执行相关的一系列代码，而为响应这个事件而进行的处理过程则被称为事件处理。根据处理事件类型的不同，JavaScript 事件分为以下几类。

（一）鼠标事件

页面所有的元素均可以触发鼠标事件，鼠标事件的类型通常包括以下七种，见表 2-10。

表 2-10　鼠标事件的类型

鼠标事件类型	触发方式
click	用户单击鼠标或按下回车键

续表

鼠标事件类型	触发方式
dblclick	用户双击鼠标
mousedown	用户按下鼠标还未弹起
mouseup	用户释放鼠标
mousemove	鼠标指针在元素上移动时
mouseover	鼠标移到元素上方时
mouseout	鼠标移出元素上方时

（二）键盘事件

键盘事件的类型包括以下三种，如图 2-5 所示。

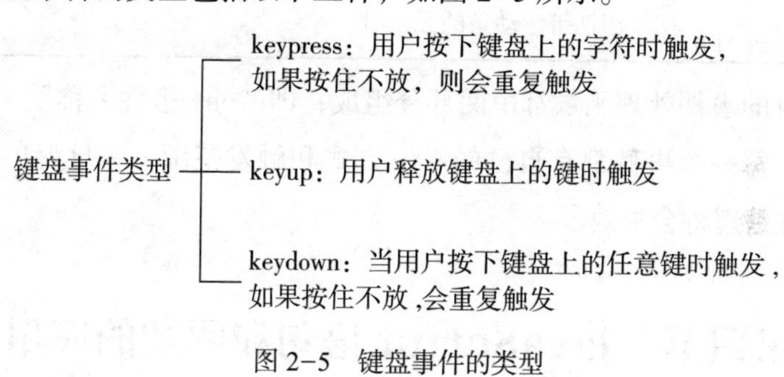

图 2-5 键盘事件的类型

（三）HTML 事件

HTML 事件的类型通常包括以下十种，见表 2-11。

表 2-11 HTML 事件类型

HTML事件类型	触发方式
load	页面完全加载后在窗口上面或当框架集加载完毕后在框架集上

续表

HTML事件类型	触发方式
unload	页面完全卸载后在窗口上面或框架集卸载后在框架集上
change	文本框内容改变且失去焦点后
select	用户选择文本框中的一个或多个字符时
blur	页面或元素失去焦点时在窗口及相关元素上触发
focus	页面或者元素获得焦点时在窗口及相关元素上时
submit	用户单击提交按钮在 <form >元素上
resize	窗口或框架的大小变化时在窗口或框架上
reset	用户单击重置按钮在 <form >元素上
scroll	用户滚动带滚动条的元素时

所有的事件处理函数都由两部分组成，即“on+ 事件名称”。需要注意的是，每一个事件都有自己的触发方式和触发范围，一旦超出这个范围，事件处理将会失效。

第四节 JavaScript 语句和函数的应用

语句和函数是应用程序开发的必要基础和前提，只有通过语句和函数，才能完成某项功能和结构。因此，开发人员有必要了解和学习 JavaScript 语句和函数，以完成 Java Web 程序的设计。

一、JavaScript 语句

在 JavaScript 中，所有的代码都是由语句构成的。其中，语句的类型、语法见表 2-12。

表 2-12 JavaScript 语句的类型、语法

类型	子类型	语法
声明语句	变量声明语句	var box=100;
	标签声明语句	label:box;
表达式语句	变量赋值语句	box=20;
	属性赋值语句	box.property=50;
	函数调用语句	box();
	方法调用语句	box.method();
分支语句	条件分支语句	if(){}else{}
	多重分支语句	switch(){case n;…};
循环语句	do...while	do{}while();
	while	while(){};
	for	for(;;){}
	for...in	for(变量名 in对象名){}
控制结构	继续执行子句	continue;
	终端执行子句	break;
	异常触发子句	throw;
	函数返回子句	return;
	异常捕获与处理语句	try{}catch(){}finally{}
其他	空语句	;
	with语句	with(){}

在上述 JavaScript 语句类型中，不同类型的语句具有不同的子类型，其语法格式各不相同，开发人员需要灵活应用这些语句，以完成不同的功能和作用。

语句表明执行过程中的流程、限定或约定，其形式包括两种：一是单行语句，二是由大括号括起来的复合语句。其中，复合语句整体可以视作单行语句。

JavaScript 语句和 C 语言、Java 等高级语言类似，这里重点介绍 with 语句和 for...in 语句。

with 语句的主要功能是将代码的作用域设置到特定的对象中，如针对声明的 box 对象，通过 with 语句可以将 A 部分代码改写为 B 部分代码。

A 部分代码：

```
var n = box. name ;  // 从对象里取值赋给变量
var a = box. age ;
var h = box.height ;
```

B 部分代码：

```
with ( box){        // 省略了 box 对象名
var n = name;
var a = age ;
var h = height ;
}
```

for…in 语句的主要作用是遍历数组或遍历指定对象的属性和方法，是一种精准的迭代语句。例如：

```
var box = {  // 创建一个对象
'name': 'li', // 键值对 , 左边是属性名 , 右边是值
'age': 28 ,
'height': 178
};
```

```
for ( var p in box ){  // 列举对象的所有属性
alert( p);
}
```

二、JavaScript 函数

在 Java Web 应用程序开发过程中，函数定义一次可以加以调用或执行任意多次，有利于脚本代码的简洁性，增强脚本代码的模块化和结构化，其创建和调用过程如下。

（一）JavaScript 函数的创建和调用

在 JavaScript 中，通常使用 function 关键字对函数进行声明，并在后面编写一组参数及函数体，其语法规则如下：

```
function funcName( [ parameters ])
{
parameters ;
[ return 表达式 ;]
}
```

JavaScript 函数分为有参函数和无参函数两类，任何函数都可以通过在 return 语句后跟要返回的值来实现返回值，且一个函数体可以具有多个 return 语句。

无参函数示例：

```
function box() {        // 没有参数
alert(' 调用函数，我就会被执行 ') ;
}
box();  // 直接调用
```

有参函数示例：

```
function box( name，age){  // 带参数
```

```
alert(' 你的姓名 :'+ name + ', 年龄 : '+age) ;
}
box ( 'wang' ,30);    // 调用函数 , 并传参
```

需要注意的是，我们还可以将返回值赋值给另外一个变量，并通过变量进行操作。例如：

```
function box( num1 ,num2 ){
return num1 * num2 ;
}
var num = box ( 10，5);    // 函数得到的返回值赋给变量
alert( num);
```

（二）JavaScript 函数的参数对象

JavaScript 函数不限制传递参数的数量，也不会因为参数不统一而引起错误。在函数体内，通常借助 arguments 对象接收传递进来的参数。例如：

```
function box() {
return arguments[0] +' l ' + arguments[ 1];    // 得到每次参数的值
}
alert( box( 1 ,2 ,3 ,4,5,6)); // 传递参数
```

其中，arguments 对象的 length 属性可以得到参数的数量。我们可以利用 length 这个属性来智能地判断有多少参数 , 然后把参数合理地应用，例如：

```
function box() {
1 ; =var sum = 0;
if ( arguments. length = = 0) return sum;    // 如果没有参数 , 退出
for( var i = 0;i < arguments. length; i++){    // 如果有 , 就累加
sum = sum + arguments[i];
}
```

```
return sum;      //返回累加结果
}
alert( box (5,9,12));
```

需要注意的是，函数也可以作为一个对象进行使用，因此函数也有一个 length 属性，但是与 arguments 对象的 length 属性有一定的区别。前者的 length 属性可以在函数体外加以使用，并可以获得函数定义的参数个数；后者的 length 属性仅能在函数体内使用，并可以获得传递给函数的实际参数个数。

第三章 Servlet 技术和应用

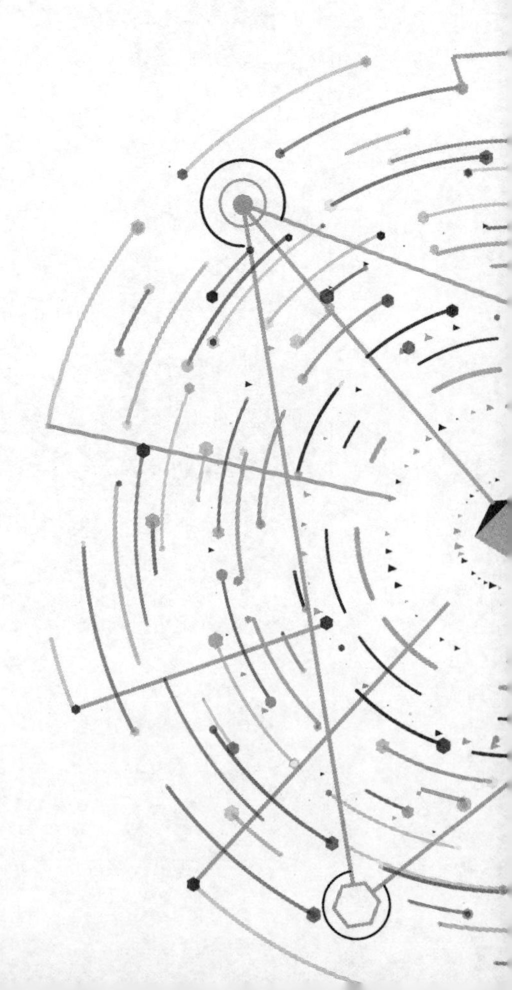

Servlet 是一个基于 Java 技术的 Web 组件，其遵循 HTTP 协议处理各种请求，运行在服务器端。通过 Servlet 可以扩展 Web 服务器的功能，使之满足特定的应用需要。

本章主要介绍 Servlet 技术的概念和特点、工作原理、体系结构以及常用 API 等基础知识，并分析 Servlet 的创建和运行，在此基础之上探讨 Servlet 应用实例，旨在帮助 Web 程序开发人员学习和掌握 Servlet 技术的用法。

第一节　Servlet 技术的概念和特点

Servlet 是 JavaWeb 解决方案中的一种技术，是运行在 Web 服务器端的 Java 程序，主要功能是处理 HTTP 请求。同时，Servlet 可以编写很多基于服务器的应用，包括动态处理用户提交的 HTML 表单、动态从数据库获取需要的数据等。

一、Servlet 技术的工作原理

Servlet 由 Servlet 容器（又被称作 Servlet 引擎）进行管理，Servlet 容器的主要作用是给发送的请求和响应提供网络服务。例如，可以将 Tomcat 看作 Servlet 容器，其工作步骤如下：

（1）客户端的计算机访问 Web 服务器，并发送 HTTP 请求。

（2）Web 服务器接收到 HTTP 请求之后，将之传递给 Servlet 容器。

（3）Servlet 容器加载 Servlet，产生 Servlet 实例，并向其传递表示请求和响应的对象。

（4）Servlet 接收并获得客户端计算机的请求信息，对其进行相应的处理。

（5）Servlet 实例将处理结果发送给客户端的计算机，在这一过程中，Servlet 容器主要确保响应可以正确送出，并将控制返回给 Web 服务器，如图 3-1 所示。

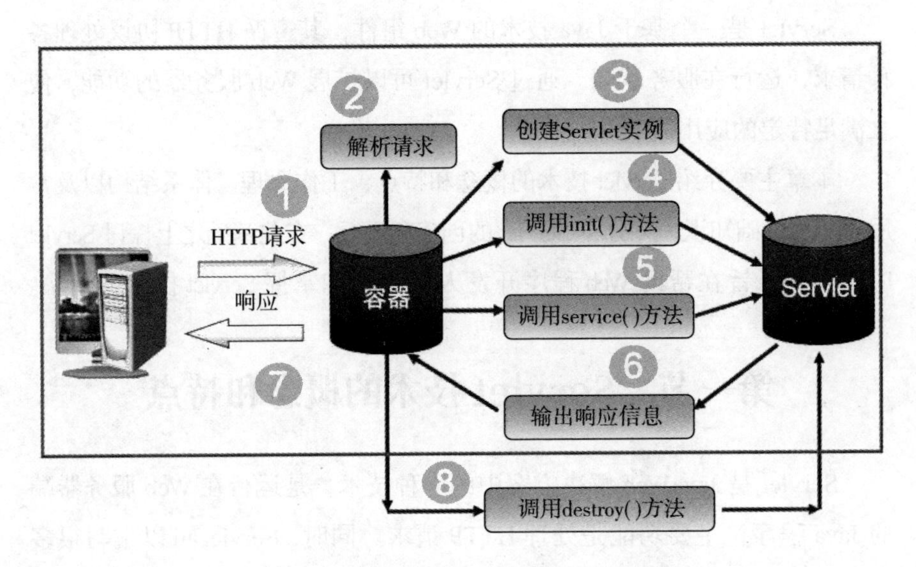

图 3-1　Servlet 为客户机提供服务的过程

Servlet 的功能有很多，涉及的范围相对广泛，主要体现在以下几个方面。

（1）根据客户端的请求动态生成完整的 HTML 页面，并返回给客户端。

（2）对多个客户端进行连接，接受多个客户端的输入，并将结果广播到多个客户端的计算机之中。

（3）创建可嵌入现有 HTML 页面中的部分 HTML 片段，与其他数据库、Java 应用程序等服务器资源进行通信。

（4）将定制的处理提供给所有服务器的标准例行程序。

二、Servlet 的特点

Servlet 程序通常在服务器端运行，可以动态地生成 Web 页面，具有较高的效率，且操作便捷、功能强大，具有较好的可移植性，因此受到广大开发人员的青睐。其特点呈现在以下方面，如图 3-2 所示。

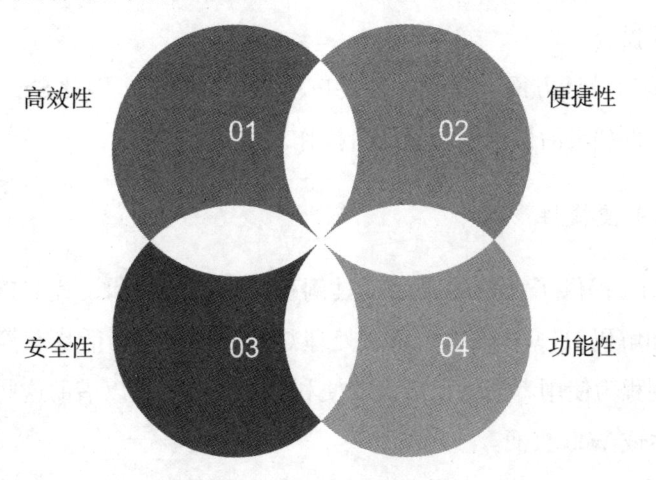

图 3-2　Servlet 技术的特点

（一）高效性

在传统的 CGI 之中，每个请求都需要启动一个新的进程。如果 CGI 程序本身的执行时间较短，则会出现启动进程时间大于程序执行时间的情况，导致时间浪费。

在 Servlet 中则可以避免上述弊端，每个请求由轻量级的 Java 线程进行处理，因此启动进程的速度会加快很多。同时，Servlet 可以应用 *n* 个线程快速处理 *n* 个并发请求。该请求仅需要一份 Servlet 类代码，且不需要对其进行重复装载，提高工作效率。

在性能优化方面，Servlet 有着更多的选择，如缓冲以前的计算结果、保持数据库连接的活动等，这些操作能有效提高 Servlet 的效率。

在可移植性方面，由于 Servlet 是由 Java 开发的，因此符合规范定义，有广泛接受的 API，在不同的操作系统平台和应用服务器平台上均可进行移植，便于用户使用。

在使用方面，不仅有许多廉价甚至免费的 Web 服务器可供个人或小规模网站使用，而且现有的服务器支持的 Servlet 也往往是免费的或仅需要极少的投资。

在接口设计方面，Servlet 的接口设计十分精简，因此 Servlet 具有较强的扩展性和灵活性，便于使用者操作。

（二）便捷性

Servlet 提供了大量的实用工具例程，包括读取和设置 HTTP 头、自动解析和解码 HTML 表单数据、处理 Cookie、跟踪会话状态等。这些实用工具例程为使用者提供了极大的便利，使使用者可以借助这些工具例程更好地生成 Web 页面。

在封装方面，Servlet 代码面向对象，具有先天的优势，因此可以将其进行直接应用。

在功能方面，Servlet 和服务器紧密集成，它们可以密切合作，以完成特定的任务。

在执行任务方面，每一个 Servlet 可以执行一个特定任务，并且可以将它们并在一起工作。同时，Servlet 之间是可以相互交流的。因此，Servlet 可以进行模块化工作，使用十分便捷。

（三）安全性

Servlet 的安全性较高，很多方法为 Servlet 的安全保驾护航，主要体现在以下方面：

首先，Servlet 是用 Java 编写的，因此可以使用 Java 的安全框架，具有较高的安全性。

其次，Servlet API 是类型安全的，同时容器会对 Servlet 的安全进行管理，使得 Servlet 具有较高的安全性。

最后，在 Servlet 安全策略中，我们既可以使用编程的安全，也可以使用声明性的安全。双重的安全策略有效保障了 Servlet 的安全。注意，声明性的安全由容器进行统一管理。

（四）功能性

在 Servlet 中，许多使用传统 CGI 程序很难完成的任务都可以轻松地完成。例如，Servlet 能够直接和 Web 服务器交互，而普通的 CGI 程序不能。又如，Servlet 可以在各个程序之间共享数据，使得数据库连接池之类的功能很容易实现。

不仅如此，Servlet 还可以使用 Java API 核心的所有功能。这些功能包括 Web 和 URL 访问、图像处理、数据压缩、多线程、JDBC、RMI、序列化对象等。

三、Servlet 的重要函数

HttpServlet 是 GenericServlet 的一个派生类，主要包括 init()、destory()、getServletConfig()、service() 和 getServletInfo() 等方法，其中前两种方法是继承的。

（一）init() 方法

init() 方法是在服务器加载 Servlet 时执行的，其作用是配置服务器，以便于服务器或客户机首次访问 Servlet 容器时加载 Servlet。

在调用 service() 方法时，必须确保已经完成 init() 方法。通常情况下，默认的 init() 方法是符合要求的，但也可以定制 init() 方法覆盖默认的 init() 方法，如初始化数据库连接等。因此，在定制 init() 方法时，Servlet 应当调用 super.init() 以确保仍然执行这些任务。

需要注意的是，在 Servlet 的生命周期中，仅执行一次 init() 方法，无论有多少客户端访问 Servlet，该方法都不会重复执行。

（二）destory() 方法

和 init() 方法相同，destory() 方法仅执行一次，在服务器停止且卸载 Servlet 时则应该执行该方法。

通常情况下，默认的 destory() 方法是符合要求的，但也可以选择覆盖它。例如，如果 Servlet 在运行时会累计统计数据，则可以编写一个 destory() 方法，该方法用于未装入 Servlet 时将统计数字保存在文件中。

需要注意的是，一个 Servlet 在运行 service() 方法时可能产生其他线程，因此在调用 destory() 方法时，必须确保这些线程已经完成或终止。

（三）service() 方法

service() 方法是 Servlet 的核心，每当一个客户请求一个 HttpServlet 对象时，该对象的 service() 方法就要被调用，而且传递给这个方法一个“请求”（ServletRequest）对象和一个“响应”（ServletResponse）对象并作为参数。

（四）getServletConfig() 方法

getServletConfig() 方法的作用是返回一个 ServletConfig 对象，以返回初始化参数和 ServletConfig。

其中，ServletConfig 接口提供有关 Servlet 的环境信息。

（五）getServletInfo() 方法

getServletInfo() 方法提供有关 Servlet 的相关信息，包括作者、版权、版本等，是一个可选的方法。

第二节　Servlet 的创建和运行

Servlet 的创建和运行是扩展 Web 服务器功能的前提和基础，开发人员有必要学习和掌握 Servlet 的用法，以便更为便捷地开发 Web 应用程序。

一、Servlet 的生命周期

一个 Servlet 的生命周期主要由下列三个过程组成。

（一）初始化 Servlet

Servlet 第一次被请求加载时，服务器需要对其进行初始化处理，即创建一个 Servlet，可以通过调用 init 方法完成对 Servlet 必要的初始化工作。

（二）产生 Servlet

当完成对 Servlet 的初始化工作之后，服务器端会产生 Servlet，随后开发人员就可以调用 Servlet 方法以响应用户的请求。

（三）消灭 Servlet

如果服务器处理用户请求完毕，则需要关闭服务器。此时，需要调用 destroy 方法，以消灭 Servlet。

二、Servlet 的创建

Servlet 的创建可以分为类的创建和配置文件的编写，具体如下。

（一）Servlet 类的创建

在实际应用中，创建 Servlet 类就是编写一个特殊类的子类，即编写

javax.servlet.http 包中的 HttpServlet 类的子类，其代码如下：

```
package myservlet. control;
import java. io. * ;
import javax. servlet.* ;
import javax. servlet.http. * ;
public class Example_Servlet extends HttpServlet {
    public void init ( ServletConfig config) throws ServletException {
        super.init( config );
    }
public void service (HttpServletRequest request,HttpServletResponse re-
sponse)
                    throws IOException{
            request. setCharacterEncoding( " utf-8" );
            String str = request. getParameter( " moon" ) ;
            // 设置响应的 MIME 类型
            response. setContentType( " text/html ; charset =utf-8");
            // 获得一个向用户发送数据的输出流
            PrintWriter out = response. getWriter();
            String sevletName = getServletName();
            out. println( " < html > <body bgcolor = #EEDDFF > " );
            out. println( " <b > 请求的 servlet 的名字是 " + sevletName
+" < br> </b > " );
            out. println( " <b> servlet 在 Web 设计中非常重要 <br >
详细内容 </b >" );
            if( str! = null&&str. length() > = 1)
            out. printIn( " <br > <h2 > " + str + " <h2 >" );
            out. println( " </body > </html > " );
```

```
    }
}
```

在上述代码中，init() 方法只在 Servlet 第一次被请求加载时调用一次，在后续用户请求 Servlet 服务时，Servlet 调用 service() 方法响应用户的请求，这就意味着每个用户的每次请求都会调用和执行 service() 方法。需要注意的是，service() 方法的执行在不同的线程中完成。

（二）web.xml 文件的创建

Servlet 类的字节码保存到指定的目录后，必须为 Tomcat 服务器编写一个部署文件，即 web.xml 文件，只有这样，Tomcat 服务器才会按用户的请求使用 Servlet 字节码文件创建对象。编写的 web.xml 文件需要保存到 Web 服务目录的“WEB－INF”子目录中。根据前面给出的 Servlet 类，我们编写的 web.xml 文件的内容如下：

```
<? xml version = "1.0" encoding = " iso -8859 -1"? >
<web- app >
<servlet >
<servlet - name > hello </ servlet - name >
<servlet - class > myservlet. control. Example _Servlet </ servlet -
class >
</ servlet >
<servlet - mapping >
<servlet - name > hello </ servlet - name ><url - pattern > /lookHello </url
- pattern ></ servlet - mapping >
</ web - app >
```

<servlet >标签需要 2 个子标签，分别是<servlet － name >和<servlet －class >。其中，<servlet － name >标签的内容是创建的 Servlet 的名字，<servlet－ class >标签的内容指定用哪个 Servlet 类来创建 Servlet。一个

<servlet > 标签会对应地出现一个 <servlet – mapping > 标签。< url –pattern > 标签用来指定用户用怎样的 URL 格式来请求 Servlet，如 <url – pattern > 标签的内容是 “/lookHello”。

三、servlet 的运行

Servlet 由 Tomcat 服务器负责创建，Web 设计者只需为 Tomcat 服务器预备好 Servlet 类的字节码文件及编写好相应的配置文件 web.xml。如此，用户就可以根据 web.xml 配置文件来请求服务器创建并运行一个 Servlet。

用户可以请求例子给出的 Servlet 类所创建的名字是 hello 的 Servlet 了。根据 web.xml 文件，用户需在浏览器中键入 “http://127.0.0.1:8080/ch3/lookHello”，用于请求服务器运行名字是 Hello 的 Servlet。

四、Servlet 传参

在请求一个 Servlet 时，可以在请求的 url–pattern 中额外地加入参数及其值，其格式如下：

servlet 名 ? 参数 1= 值 1& 参数 2= 值……参数 n= 值

那么被请求的 Servlet 就可以使用 request 对象获取参数的值，例如：

request. getParameter(参数 n)

比如，可以在浏览器中键入 “http://127.0.0.1:8080/ch3/lookHello?moon=loveliness”，请求例子中的 Servlet，并向其传递参数 moon 的值 “loveliness”。

Servlet 类继承的 service() 方法检查 HTTP 请求类型（Get，Post 等），并在 service() 方法中根据用户的请求方式，对应地再调用 doGet() 方法或 doPost() 方法。因此，Servlet 类不必重写 service() 方法，直接继承该方法即可，可以在 Servlet 类中重写 doPost() 方法或 doGet() 方法，以响应用户的请求。

第三节 Servlet 的体系结构和常用的 API

要想开发 Servlet 就需要在 doGet() 和 doPost() 等方法中加入 Servlet 需要的功能。因此，有必要了解 Servlet 的体系结构和常用的 API，以更好地应用 Servlet 编写程序。

一、Servlet 的体系结构

通常来说，客户端的浏览器会将 HTTP 请求发送到 Web 服务器，由 Web 服务器接收客户端的请求。但如果客户端请求的是 Servlet，则 Web 服务器会将客户端请求发送给 Servlet 容器，随后由 Servlet 容器获得请求并调用相应的 Servlet 进行处理。最后 Servlet 根据客户端的请求生成对应的响应内容（HTTP 响应）并回传给服务器、客户端，形成完整的闭环。其体系结构如图 3-3 所示。

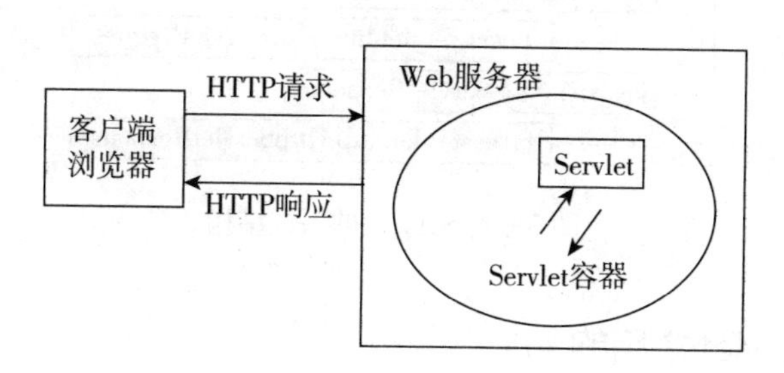

图 3-3 Servlet 的体系结构

实际上，Servlet 就是实现了 javax. servlet.Servlet 接口的类，一般通过继承 GenericServlet、HttpServlet 等类来实现，其层次结构如图 3-4 所示。

类：

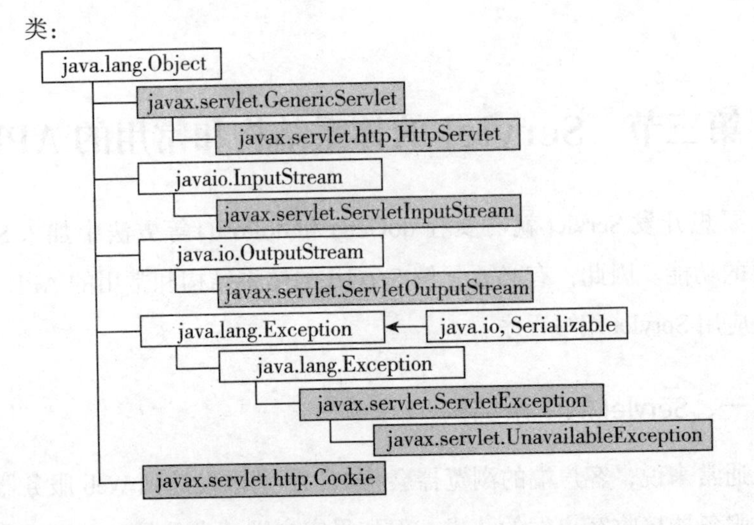

接口：

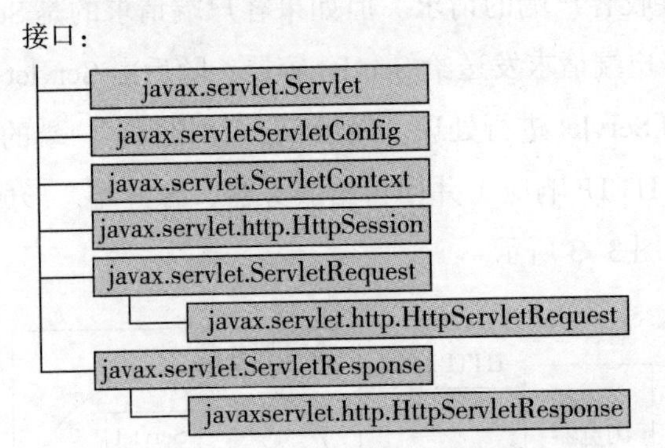

图 3-4　Servlet 的层次结构

二、Servlet 常用的 API

Servlet API 是一组基于处理客户端和服务器之间请求和响应的 Java 语言标准 API，根据实现功能和作用的不同，可以将其分为以下几类。

（一）基本类和接口

基本类和接口是 Servlet 需要直接或间接集成的抽象类和接口，主要包括以下几种。

1.javax.servlet.Servlet 接口

该接口规定了必须由 Servlet 类实现、由 Servlet 引擎识别和管理的方法集，其基本目标是提供生命周期的 init() 方法、service() 方法和 destroy() 方法，由继承 HttpServlet 和 GenericServlet 抽象类的 Servlet 加以实现，其接口方法如下。

（1）void init(Servletconfig config)throws ServletException：初始化 Servlet。

（2）ServletConfig getServletConfig()：返回传递到 Servlet 的 init() 方法的 ServletConfig 对象。

（3）String getServletInfo()：返回描述 Servlet 的一个字符串。

（4）void service(ServletRequest request,ServletResponse response) throws ServletException,IOException：处理 Request 对象中描述的请求，使用 Response 对象返回请求结果。

（5）void destroy()：销毁 Servlet，一般由 Servlet 引擎调用。

2.javax.servlet.GenericServlet 抽象类

该抽象类定义了一个通用的 Servlet，主要用于开发其他 Web 协议的 Servlet 时使用。

在 Servlet API 中，存在提供 Servlet 接口的直接实现的类（称为 Genericservlet），这意味着可以通过简单扩展该类接口编写基本的 Servlet，其常用的方法见表 3-1。

表 3-1　GenericServlet 类中的常用方法

方法	作用
void destroy()	销毁 Servlet
String getInitParameter(String name)	返回具有指定名称的初始化参数值。通过调用 config.getInitParameter(name)实现

续表

方法	作用
void init(ServletConfig config) throws ServletException	在一实例变量中保存 Config对象，然后调用 init()方法
String getServletConfig()	返回传递到 init()方法的 ServletConfig对象
void init() throws ServletException	默认方法，可以使用 super.init(config)调用父类的初始化信息
abstract void service(ServletRequest req,ServletResponse res) throws ServletException, java.io.IOException	由 Servlet引擎调用为请求对象描述的请求提供服务。这是 GenericServlet中唯一的抽象方法。因此，它也是唯一必须被子类所覆盖的方法

3.javax.servlet.http.HttpServlet 抽象类

该类是专门为 HTTP 协议设计的，通过继承 HttpServlet 抽象类，只需要重写自身的 doGet() 方法和 doPost() 方法即可实现自己的 Servlet，其定义如下：

public abstract class HttpServlet extends GenericServlet

implements java.io.Serializable

（1）doGet() 方法。

doGet() 方法主要用来处理 HTTP 的 get 请求。通过 get 请求，用户向服务器端发送的表单数据就会附带在浏览器发送的 URL 后面，进而作为查询字符串发送给服务器，其定义如下：

protected void doGet(HttpServletRequest request,HttpServletResponse response)

throws ServletException,java.io.IOException

需要注意的是，可以发送的表单数据的数量由 URL 允许的最大长度来决定。

（2）doPost() 方法。

doPost() 方法主要用来处理 HTTP 的 post 请求。通过 post 请求，用户向服务器发送的表单数据就会被单独发送给服务器，而不是被追加到URL后面，这样就可以实现发送大量表单数据的目的，其定义如下：

protected void doPost(HttpServletRequest request,HttpServletResponse response)

throws ServletException,java.io.IOException

需要注意的是，在 HttpServlet 抽象类中共存在 6 个 do×××() 方法和一些辅助方法，service() 方法并不需要被重写，该方法会自动调用和用户请求相对应的方法。

（二）Web 请求与响应类

该类 API 直接对应于 Web 请求和响应，其主要作用是在 Servlet 和 Web 容器之间传递信息，具体过程如下：当 Web 容器通过 HTTP 协议接收用户的请求之后，会将这些请求转化为 HttpServletRequest 对象，随后传递给 Servlet。这时，Servlet 会通过 Web 请求与响应类理解用户的请求并进行处理，将处理后的内容通过 HttpServletResponse 返回到 Web 容器之中，最后 Web 容器整理这些信息后通过 HTTP 协议向客户端传送响应。

在上述过程中，使用的接口和种类分为以下几种。

1.javax.servlet.servletRequest 接口

Servlet 自身是一个接口，用于提供服务方法，获取 Servlet 信息，提供客户端的请求信息。当一个 Servlet 中的 service() 方法被执行时，Servlet 可以调用这个接口中的方法接收用户的请求信息，其中 servletRequest 对象会作为一个参数传递给 service() 方法。

servletRequest 接口常用的方法包括以下几种。

（1）String getParameter(String name)：返回指定参数名的值。若不存在，返回 null。

（2）String[] getParametervalues(String name)：返回指定参数名的值的

数组，若不存在则返回 null。

（3）void setAttribute(String name,object obj)：以指定名称保存请求中指定对象的引用。

（4）void removeAttribute(String name)：从请求中删除指定的属性。

（5）Enumeration getAttributeNames()：返回请求中所有属性名的枚举。如果不存在属性，则返回一个空的枚举。

（6）servletInputStream getInputstream() throws IOException：返回与请求相关的（二进制）输入流。可以调用 getInputstream() 方法或 getReader() 方法之一。

（7）RequestDispatcher getRequestDispatcher(String path)：返回 RequsetDispatcher 对象，作为 path 所定位的资源的封装。

（8）String getLocalAddr()：返回接收到请求的网络接口的 IP 地址。

（9）String getLocalName()：返回接收到请求的 IP 接口的主机名。

（10）String getLocalPort()：返回接收到请求的网络接口的 IP 端口号。

（11）string getProtocol()：返回请求使用的协议的名字和版本，如 HTTP/1.1。

（12）String getcharacterEncoding()：返回请求正文使用的字符编码的名字。如果没有指定字符编码，这个方法将返回 null。

（13）string getRemoteUser()：如果用户通过鉴定，返回远程用户名，否则返回 null。

（14）String getRemotePort()：返回发送请求的客户端或者最后一个代理服务器的 IP 源端口。

（15）String getRemoteAddr()：返回发送请求的客户端或者最后一个代理服务器的 IP 地址。

（16）int getcontentLength()：指定输入流的长度，如果未知则返回 -1。

（17）int getserverPort()：返回请求发送到的服务器的端口号。

（18）String getServerName()：返回处理请求的服务器的主机名。

（19）BufferedReader getReader()　throws IOException：返回与请求相关的输入数据的一个字符解读器。此方法与 getInputStream() 方法只可分别调用，不能同时使用。

（20）Object getAttribute(String name)：返回指定属性的属性值。

2.javax.servlet.servletResponse 接口

该接口的作用是向客户端发出响应信息，一般在 Servlet 的 service() 方法中调用。当一个 Servlet 中的 service() 方法被执行时，可以调用这个接口的方法，从而将响应信息返回给客户端。其中，servletResponse 对象将会作为参数传递给 service() 方法。

3.javax.servlet. servletInputStream 接口

HTTP POST 方法发送数据给服务器，该接口的作用是从一个客户端请求中读取二进制数据。

该接口不仅继承了 java.io.InputStream 中的基本方法，而且提供了可以一次一行读取数据的方法——readLine() 方法。readLine() 方法的定义如下：

```
public int readLine(byte[ ] b,int off,int len) throws java.io.IOException
```

在 readLine() 方法中，可以将读取的数据存储在一个 byte 数组 b 中，从指定的偏移量 off 开始，直至读取到指定的数量字节 len 或到达新的换行符。如果没有读到指定数量的字节就到达了文件的换行符，则返回 -1。

4.javax.servlet.ServletOutputStream 类

该类的作用是向一个客户端写入二进制数据。它提供重载版本的两个方法，用来处理基本类型和 String 类型的数据，即 print() 和 println() 方法。

在该接口之中，print() 方法、println() 方法和 java.io.OutputStream 接口中的定义完全相同，其一般形式如下：

public void print(String s) throws IOException

public void println(String s) throws IOException

5.javax. servlet.http.HttpServletRequest 接口

该接口继承自 ServletRequest 接口。HttpServletRequest 对象专门用于封装 HTTP 请求消息，简称 request 对象。HTTP 请求消息分为请求行、请求消息头和请求消息体三部分，所以 HttpServletRequest 接口中定义了获取请求行、请求头和请求消息体的相关方法。

（三）Servlet 异常类

1.javax.servlet.ServletException 类

该类定义了一个通用的异常，可以被 init() 方法、service() 方法和 do×××() 方法抛出。这个类提供了下面 4 种构造方法和 1 种实例方法，见表 3-2。

表 3-2　ServletException 中定义的方法

方法	作用
public ServletException()	构造一个新的 Servlet异常
public Throwable getRootCause ()	返回引起 Servlet异常的异常
public ServletException (String message)	用指定的消息构造一个新的 Servlet异常，该消息可写入服务器的日志或呈现给用户
public ServletException (String message,Throwable rootcause)	如果在 Servlet异常中包含根原因异常(阻碍 Servlet正常操作的异常)，调用该方法可以描述信息
public ServletException (Throwable rootCause)	构造方法同上，只是没有指定描述信息的参数

2.javax. servlet. UnavailableException 类

该类是 ServletException 类的子类，提供两种构造方法和实例方法，可被 Servlet 抛出，用于向 Servlet 容器指示这个 Servlet 将暂时或永久不可用，其方法见表 3-3。

表 3-3　UnavailableException 中定义的方法

方法	作用
public UnavailableException(String message)	使用一个给定的消息构造新的异常，指定 Servlet永久不可使用
public int getUnavailableSeconds()	返回 Servlet预期的、暂时不可用的秒数(时间)；如果返回的是一个负数，则说明 Servlet永久不可用
public UnavailableException (stringmessage,int seconds)	使用一个给定的消息构造新的异常，指示 Servlet暂时不可用。其中，参数 seconds表明在以秒为单位的时间内，Servlet将不可用
public boolean isPermanent()	返回一个布尔值，用来指示 Servlet是否永久不可用。true表明永久不可用，false则表明暂时不可用或可用

（四）Servlet 其他类和接口

1. javax.servlet.ServletConfig 接口

该接口负责与 Web 容器联系，以保证 Web 容易在 Servlet 初始化的过程中可以和 Servlet 进行某种联系。这种联系主要借助该接口在 Web 容器中所提供的 xml 文件进行描述。例如，在部署描述文件 web.xml 时，我们可以制定 Web 容器的初始化变量。

在 javax.servlet.servletConfig 接口中，定义了 4 种比较常用的方法，见表 3-4。

表 3-4 ServletConfig 中定义的方法

方法	作用
String getServletName()	返回一个 Servlet实例的名称
String getInitParameter(String name)	返回一个由参数 name决定的初始化变量的值，如果该变量不存在，则返回 null
ServletContext getServletContext()	返回一个 ServletConfig对象的引用，功能是用来获取 Servlet容器的环境信息
Enumeration<java.lang.String> getInitParameterNames()	返回一个存储所有初始化变量的枚举值；如果没有初始化变量，则返回一个空枚举值

2.javax.servlet.ServletContext 接口

该接口的功能是调用 ServletContext 对象。一个 ServletContext 代表一个 Web 应用程序的上下文，Servlet 容器在进行初始化时需要传递 ServletContext。此时，我们可以通过 ServletRequest 对象的 getServletContext() 方法获取上述对象。

在 ServletContext 接口中，主要的方法见表 3-5。

表 3-5 ServletContext 接口中的方法

方法	作用
void removeAttribute(String name)	从 Servlet 上下文中删除指定属性
String getServerInfo()	返回 Servlet引擎的名称和版本号
URL getResource(String path)	读取 URL的输入流指定的绝对路径相对应的 URL，如果资源不存在则返回 null
RequestDispatcher getRequestDispatcher (String path)	返回具有指定名字或路径的 Servlet 或 JSP 的 RequestDispatcher
String getRealPath(String path)	给定一个 URI，返回文件系统中 URI对应的绝对路径

续表

方法	作用
string getMimeType(String filename)	返回指定文件名的 MIME类型
String getInitParameter(String name)	返回指定上下文范围的初始化参数值
int getMajorVersion()	返回指定上下文中支持 Servlet API级别的最大版本号
int getMinorVersion()	返回指定上下文中支持 Servlet API级别的最小版本号
ServletContext getcontext(String uripath)	返回映射到另一 URL的 Servlet 上下文
Enumeration getAttributeNames()	返回保存在 Servlet 上下文中所有属性名字的枚举
Object getAttribute(String name)	返回 Servlet 上下文中具有指定名字的对象，或使用已指定名捆绑一个对象
void setAttribute(string name ,object obj)	设置 Servlet 上下文中具有指定名字的对象

例如，创建一个 Servlet 类，将之命名为 UseRequest.java，其功能是请求相关信息并输出，其中 doGet() 和 doPost() 方法的实现代码如下：

```
// 处理 get 请求
public void doGet(HttpServletRequest request，HttpServletResponse
response)
throws servletException，IOException {
// 设置输出文件 MIME 类型
response.setcontentType( "text/html; "); // 设置输出编码
response.setcharacterEncoding("UTF-8" ); // 获得输出流对象
Printwriter out = response.getwriter();
out.println("<! DOCTYPE HTML PUBLIC \"-//w3C//DTD HTML
4.01 Transitiona1//EN\">");
out.println( "<html>");
```

```
out.println("<head><title> 获取请求相关信息 </title></head>");
out.println("<body>");
out.println( "<table align=\ "center " border=\ "1px\"
    width=\ "600px\" height=\ "150px \ ">");
out.println("<tr>");
out.println("<td width=\ "150px\"> 客户端主机名 :</td>");
out.println("<td width=\ "450px\ ">"+request.getRemoteHost()+"</td>");
out.println("</tr>");
out.println("<tr>");
out.println( "<td> 客户端 IP 地址 : </td>");
out.println("<td>"+request.getRemoteAddr()+"</td>");
out.println("</tr>");
out.print1n("<tr>");
out.println("<td> 发送请求的端口号 :</td>");
out.println("<td>"+request.getRemotePort()+"</td>");
out.println("</tr>");
out.println("<tr>");
out.println( "<td> 服务器主机名 :</td>" );
out.println( "<td>"+request.getServerName()+"</td>");
out.println("</tr>");
out.println( "<tr>");
out.println("<td> 请求的端口号 :</td>");
out.println("<td>"+request.getServerPort()+"</td>");
out.println("</tr>");
int len = request.getcontentLength();
out.println("<tr>");
out.println("<td> 请求信息的长度 :</td>");
```

```
out.println("<td>"+(len==-1?" 未知 ":len+"+)+"</td>");
out.println("</tr>");
out.println("<tr>");
out.println("<td> 请求 MIME 类型 :</td>");
out.println("<td>"+request.getcontentType()+"</td>");
out.println("</tr>");
out.println("<tr>");
out.println("<td> 客户端浏览器信息 :</td>");
out.println("<td>"+request.getHeader( "user-agent")+"</td>");
out.println("</tr>");
out.println("<tr>");
out.println("<td> 请求方式 :</td>");
out.println("<td>"+request.getMethod()+"</td>");
out.println(" </tr>");
out.println("<tr>" );
out.println("<td> 请求协议 : </td>");
out.println( "<td>"+request.getProtocol()+"</td>");
out.println("</tr>");
out.println("<tr>");
out.println("<td> 请求 URI:</td>");
out.println("<td>"+request.getRequestURI()+"</td>");
out.println("</tr>");
out.println("<tr>" );
out.println("<td> 编码方式 : </td>");
out.println("<td>"+request.getCharacterEncoding()+"</td>");
out.println("</tr>");
out.println( "</table>");
```

```
out.println("</body>");
out.println("</html>");
out.flush();
out.close();
}
// 处理 post 请求
public void doPost(HttpServletRequest request, HttpServletResponse
response)
throws servletException, IOException {
doGet(request,response);
}
```

在 Tomcat 服务器中编译上述代码，并打开浏览器，在地址栏输入网址 http: / / localhost:8080/first_servlet/servlet/UseRequest，则可以看到图 3-5 所示的运行效果。

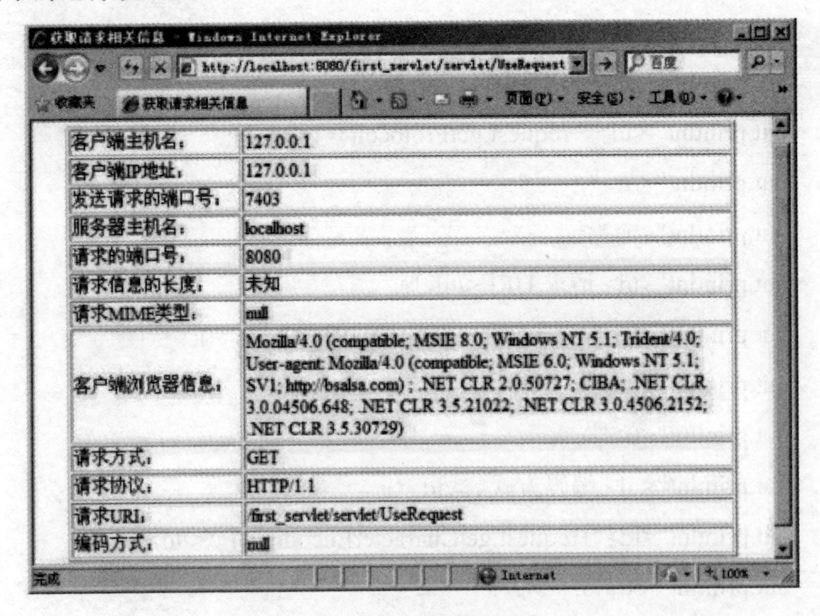

客户端主机名：	127.0.0.1
客户端IP地址：	127.0.0.1
发送请求的端口号：	7403
服务器主机名：	localhost
请求的端口号：	8080
请求信息的长度：	未知
请求MIME类型：	null
客户端浏览器信息：	Mozilla/4.0 (compatible; MSIE 8.0; Windows NT 5.1; Trident/4.0; User-agent: Mozilla/4.0 (compatible; MSIE 6.0; Windows NT 5.1; SV1; http://bsalsa.com) ; .NET CLR 2.0.50727; CIBA; .NET CLR 3.0.04506.648; .NET CLR 3.5.21022; .NET CLR 3.0.4506.2152; .NET CLR 3.5.30729)
请求方式：	GET
请求协议：	HTTP/1.1
请求URI：	/first_servlet/servlet/UseRequest
编码方式：	null

图 3-5　获取请求相关信息

第四节　Servlet 的应用实例

为更好地理解和掌握 Servlet，下面通过建立简单的 Servlet 应用程序，为读者阐述和分析 Servlet 的用法。该 Servlet 应用程序的要求如下：在电脑屏幕上显示“Hello World!”的文本。

一、建立 Package

建立一个 Servlet 应用程序并不是指建立一个 Servlet 类型的项目，因为 Servlet 其实就是一个 Java 类而已，因此需要将其放在某个包中。

首先，建立一个 Web 项目，取名为“first_servlet”，并在 Eclipse 中建立 Package。

其次，选中 src 文件夹，单击右键并选择“New”选项中的“Package”，建立新的 Package，如图 3-6 所示。

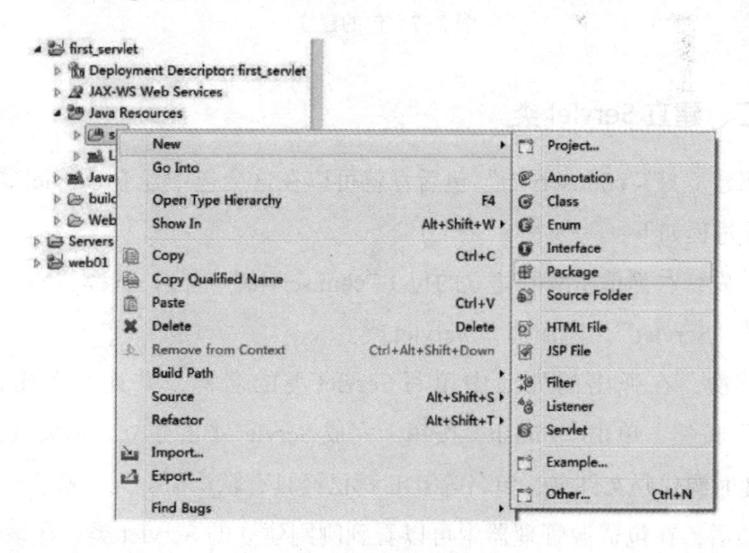

图 3-6　新建 Package

最后，在弹出的界面中输入包的名字“com.servlet”，建议选择默认的 Source folder，并单击“Finish”，完成包的建立，如图 3-7 所示。

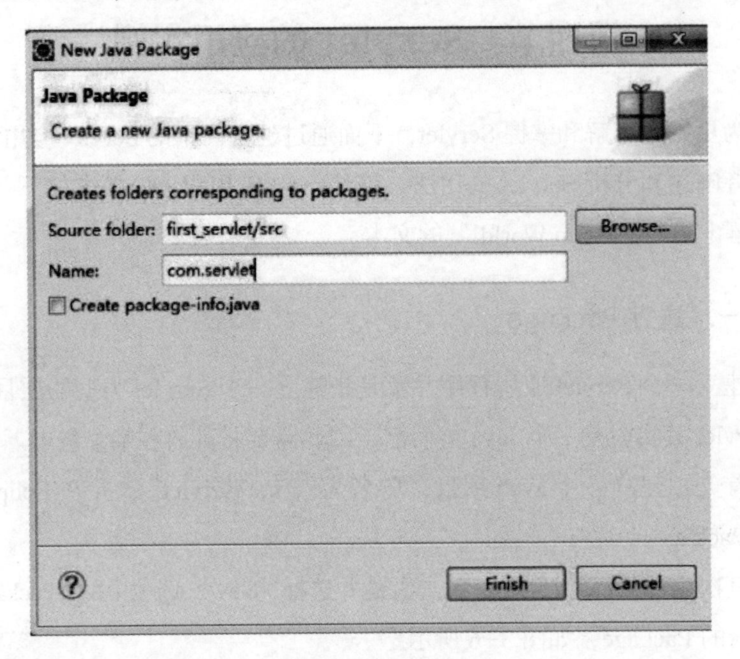

图 3-7　包的建立

二、建立 Servlet 类

当建立好“com.servlet”包后，就可以在这个包中建立 Servlet 类了，其操作过程如下：

首先，右键单击刚刚建立的包（“com.servlet”包），选择“New”选项中的“Servlet”，进而建立 Servlet 类。

其次，在弹出的界面中填写 Servlet 类的名称，并连续单击两次“Next”按钮，单击“Finish”按钮，完成 Servlet 类的建立。需要注意的是，此时源代码文件夹、包名等 IDE 都已经具有默认值，无须修改。

最后，在包资源管理器中可以看到刚刚建立的 Servlet 类，在该界面中编写 Servlet 类代码即可。

三、HelloWorldServlet 类的代码

单击“HelloWorldServlet.java”文件，编写对应的程序代码，其主要代码如下：

```
public HelloWorldServlet() {        // 可以根据需要灵活设置
super();
}
/**
* @see HttpServlet#doGet(HttpServletRequest request, HttpServletResponse response)
* /
Protected void doGet(HttpServletRequest  request, HttpServletResponse response) throws ServletException, IOException {
// TODO Auto-generated method stub
}
/**
*@see HttpServlet#doPost(HttpServletRequest request, HttpServletResponse response)
*/
protected void doPost(HttpServletRequest request, HttpServletResponse
response) throws ServletException, IOException {
// TODO Auto-generated method stub
}
```

从上述代码可以看出，Servlet 继承了 HttpServlet 类。如果 HttpServlet 类用于创建一个适用于 Web 站点并支持 HTTP 协议的 Servlet，则其子类应该至少重写表 3-6 方法中的一个。

表 3-6　HttpServlet 类的常用方法

方法	功能描述
doGet()	适用于 HTTP GET请求
doPost()	适用于 HTTP POST请求
doPut()	适用于 HTTP PUT请求
doDelete()	适用于 HTTP Delete请求
getServletInfo()	提供 Servlet本身的信息
init()和 destroy()	管理 Servlet生命周期的方法

在 HelloworldServlet 类中，我们需要默认重写 HttpServlet 类中的 doGet()、doPost()、init() 和 destory() 等方法。

其中，在 doGet() 方法和 doPost() 方法中，首先通过调用 HttpServletResponse 类中的 getwriter() 方法得到一个 Printwriter 类型的输出流对象 out，其次调用 out 对象的 println() 方法或者 print() 方法向客户端发送字符串，最后关闭 out 对象。同样，如果要通过 Servlet 输出“Hello world”，则需要使用输出流对象的 println() 方法或者 print() 方法。因此，需要对 doGet() 方法和 doPost() 方法进行修改，其代码如下：

```
// 处理 HTTP get 请求
public void doGet(HttpServletRequest request，HttpServletResponse
response)
throws ServletException，IOException {
// 设置输出文件类型及编码
response.setcontentType( "text/html ; charset=utf-8");
// 获得输出流对象
Printwriter out = response.getWriter();
out.println("< ! DOCTYPE HTAL PUBLIC \"-1/w3C//DTD HTML 4.01
Transitional//EN\">");
```

```
out.println( "<html>");
out.println("<head><title> 第一个 Servlet 程序 </title></head>");
out.println("<body>");
out.println(" Hello world ! <br />");
out.println(" 这是第一个 Servlet 程序 !");
out.println("</body>");
out.println("</html>");
out.flush();
out.close();
}
// 处理 HTTP post 请求
public void doPost(HttpServletRequest request，HttpServletResponse
response)
throws ServletException，IOException {
// 调用 doGet() 方法
doGet(request，response);
}
```

启动 Tomcat 服务器并打开浏览器，在浏览器中输入网址 http://localhost :8080/first_servlet/HelloworldServlet，即可以看到运行效果。

第四章　JSP 技术和应用

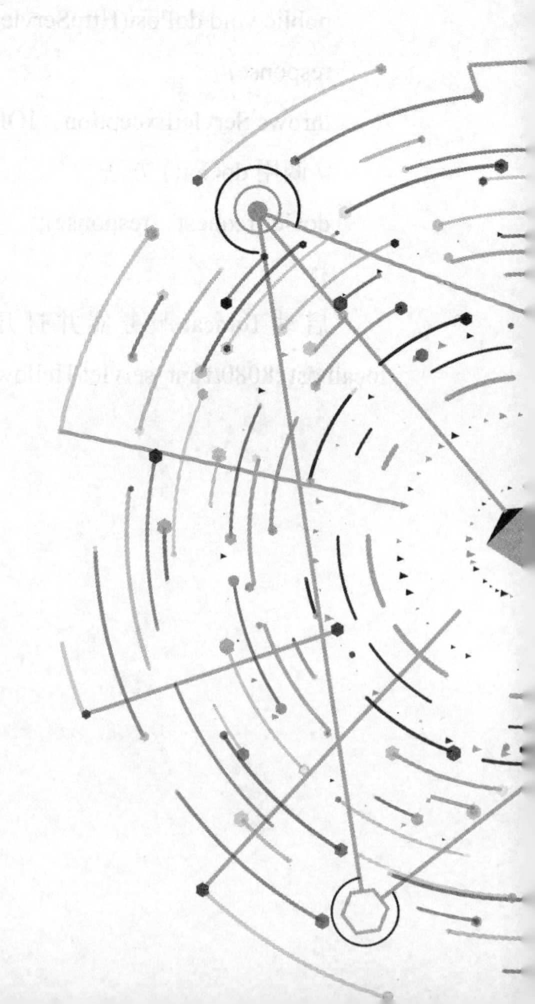

JSP 是一种动态网页技术标准，通常部署在网络服务器端，其主要作用是响应客户端的请求，根据请求的内容动态生成 Web 网页（XML、HTML 等格式），并将其返回给客户端。

本章主要介绍 JSP 的起源和发展、基本语法、指令标签和动作标签、内置对象的类型等基础知识，并在此基础上重点分析 EL 表达式及其应用、JSTL 标签库。

第一节 JSP 的起源和发展

JSP 是一种动态网页技术标准，以 Java 语言为脚本语言，是指在传统的网页 HTML 文件中插入 Java 程序段和 JSP 标记，进而形成 JSP 文件。

JSP 技术的主要作用是为用户的 HTTP 请求提供服务，同时和其他 Java 程序共同处理相关的业务需求，是开发 Web 应用程序关键的技术之一。

一、JSP 的起源

众所周知，如果想让 Servlet 输出动态的、复杂的 HTML 内容，则需要编写很多的 HTML 标签，需要花费大量的时间和精力，同时 Servlet 输出的 HTML 内容需要修改多次，并不能一次成功，这对 Web 开发人员来说，无异于噩梦一般。因此，Web 开发人员特别希望有一种新的技术出现，具有以下功能：具有 Web 服务器端编程功能；可以输出动态的、可以定制的 HTML 内容；编写的 Web 应用程序可以跨平台运行。在这种现实需求之下，Sun 公司适时推出了 Java Server Pages（JSP）技术。

当 Web 服务器遇到访问 JSP 网页的请求时，首先会执行 JSP 中的程序段，其次将执行结果和 JSP 文件中的 HTML 代码共同返回给客户端。其中，插入的 Java 程序段主要用来建立动态网页所需要的功能（如重新定向网页、操作数据库等），JSP 技术则支持可重用的基于组件的设计，将网页逻辑与网页设计和显示加以分离，使得 Web 应用程序开发变得更加便捷。

和 Servlet 相同，JSP 是在服务器端执行的，由于 JSP 返回给客户端的通常是一个 HTML 文本，因此用户只要借助浏览器就能进行浏览。可以说，JSP 是 Servlet 更高级别的扩展，通过 JSP 可以将普通的 Java 代码嵌入 HTML 页面，使得 JSP 文件通过 Web 服务器的 Web 容器编译成一个 Servlet，用来处理各种请求。

二、JSP 的生命周期

JSP 的生命周期可以分为以下四个阶段，在每个阶段中完成的任务各不相同。

（一）装载和实例化阶段

在这一阶段，完成的任务是：Web 容器为 JSP 页面查找已有的实现类，如果没有找到，则创建新的 JSP 页面的实现类，并将其载入 JVM，随后 JVM 将会创建新的 JSP 页面的实现类，最后该类实现装载和实例化。这一步将会在装载后立刻执行或在第一次请求时执行。

（二）初始化阶段

在这一阶段，主要任务是初始化 JSP 页面。如果开发人员想在初始化阶段执行某些代码，就可以在 JSP 页面中增加相应的初始化方法，以便于在初始化时调用该方法。通常来说，初始化 JSP 页面使用的方法为 jspInit()。

（三）请求处理阶段

请求处理阶段的主要功能是由页面对象响应客户端的请求，在执行处理完成之后，服务器将会把一个响应返回给客户端。其中，响应由 HTML 标签和其他数据构成（并不包含 Java 源代码）。

需要注意的是，单个对象实例将处理所有的请求，jspService() 方法由 Web 容器实现。

（四）生命终止阶段

在这一阶段，服务器不会再将客户端的请求发给 JSP，而是释放已有实现类或新建实现类的所有实例（前提是所有请求处理完成之后）。

一般情况下，如果执行清除工作，则可以在这个类实例释放之前调用 jspDestroy() 方法。

第二节　JSP 基本语法

JSP 完全继承了 Java 的所有优点，并且可以将网页的动态内容和静态内容分开，是开发 Web 应用不可缺少的重要技术。

一、JSP 页面基本结构

JSP 文件主要由解释、指令元素、脚本元素以及动作元素等部分组成，往往以“<%”开始，以“%>”结束，这两个标记之间包含的部分就被称为 JSP 页面元素，是网页中的动态内容部分，借助 JSP 引擎进行解释和处理。

典型 JSP 页面基本结构如下：

```
<%@page language = "java" import = "java.util. * " cantentType = "text/html; charset = gb2312"%>
```

```
<html>
< head>
<title>JSP 页面的基本结构 </title>
</ head>
<%-- 声明成员变量和成员方法 --%>
<%!
private String str;
public void setStr(String str) {
    this.str = str;
}
public String getStr() {
    return str.toUpperCase();
}
%>
<body >
<!-- 显示当前系统日期 -->
<%
Date now = new Date();
setStr( now.toString());
%>
<hl style = "color: red"><% = getStr()%></h1 >
</ body >
</html>
```

通常情况下，网页的大部分内容是由静态 HTML 组成的，但如果在这些静态内容中加入 Java 片段，则可以构成 JSP 页面。

上述 JSP 典型页面基本结构主要包括以下几种元素。

（一）注释

在示例中有两行注释语句，起到说明代码作用的作用：

<%-- 声明成员变量和成员方法 --%>

<!-- 显示当前系统日期 -->

通常情况下，注释在 JSP 页面中主要有以下三种不同的注释方式。

1.HTMIL 注释

HTML 注释语法格式如下：

<! --HTML 注释信息 -->

HTML 注释信息将会和普通的 HTML 一起发送到客户端，用户可以在客户端浏览器通过查看源文件的方式看到 HTML 注释信息。所以 HTML 注释通常用于描述 JSP 页面执行后的结果。

2.JSP 注释

JSP 注释语法格式如下：

<%--JSP 注释信息 --%>

JSP 注释信息不会被发送到客户端，用户在客户端浏览器看不到 JSP 注释信息。所以 JSP 注释通常用于描述某一部分 JSP 程序代码的功能。

3. 脚本代码中的注释

由于脚本代码都是由 Java 语言写成的，因此所有 Java 中的注释规范在脚本代码中也同样适用。脚本代码注释方式：

<% // 单行注释 %>

<% /* 多行注释 */ %>

<% /* * 长文档注释 */ %>

注释对程序的执行没有任何影响，但为了提高程序的可读性，应合

理地使用注释，清晰地描述代码块的执行算法和功能概要，以及程序员的意图等。

（二）指令元素

在 JSP 页面中，JSP 指令主要用来与 JSP 引擎进行沟通。指令元素格式如下：

<%@ 指令类别 , 属性 1=" 属性值 1"、属性 2=" 属性值 2"……属性 n =" 属性 n"%>

通常来说，所有指令元素的作用范围有效（仅在 JSP 整个页面之中）。需要注意的是，客户端并不能看到输出的指令。指令元素通常可以分为以下三种。

1.page 指令

page 指令用于定义 JSP 页面的全局属性，可以出现多次。一般而言，page 指令属性只能出现一次（import 属性可以出现多次），重复的属性设置将会覆盖之前的设置。page 指令的属性和作用见表 4-1。

表 4-1　page 指令的属性和作用

属性名称	作用	举例	默认值
import	定义脚本元素中需要使用的类、接口等	import="java.util.* "	空
language	定义脚本代码使用的语言种类	Language="java"	java
session	定义该 JSP页面是否可以使用	session="true"	true
buffer	指定向客户端使用 out输出流对象的缓冲大小 ,如果是 none,则不缓冲	buffer="64kb"	8kb

续表

属性名称	作用	举例	默认值
info	定义指定 JSP页面的相关信息	info="JSP页面 "	空
autoFlush	定义输出流的缓冲区是否要自动	autoFlush="true"	true
errorPage	定义指定 JSP页面出现异常时所调用的页面	errorPage="exception.jsp"	空
isErrorPage	定义指定 JSP页面是否为处理异常的页面	isErrorPage="false"	false
contentType	定义 MIME类型和 JSP页面的编码方式	contentType="text/html;charset=gb2312"	text/html; charset=iso-8859-1
isThreadSafe	定义指定 JSP页面是否支持多线程	isThreadSafe="true"	true
pageEncoding	定义 JSP页面的字符编码	pageEncoding="gb2312"	iso-8859-1

指令元素是 JSP 页面的基本结构之一，主要使用 page 指令构建 JSP 页面，代码如下：

<%@page language = " java"import = "java. util. x " contentType = "text/html; charset =gb2312"%>

上述代码使用了 page 指令的 language、import 和 contentType 属性。在上述代码中，在 JSP 页面中的脚本代码使用 Java 语言，导入 java. util 包中的所有类。该页面呈现网页内容的形式为 text/html，编码方式为 gb2312。

需要注意的是，无论将 page 指令放在 JSP 页面的哪个位置，其作用范围都将是整个 JSP 页面。通常 page 指令被放在 JSP 页面的顶部，以加强 JSP 程序的可读性。同时，指令元素在编译时才会被执行，且只执行一次。

2.include 指令

include 指令的作用是通知 Web 容器在当前 JSP 页面中的指定位置插入另一个文件的内容，其语法格式如下：

<%@include file= "URL"%>

include 指令只有 file 这一个属性，其中属性值 URL 一般是相对的文件路径，即相对于当前 JSP 文件的路径；当然，也可以从站点的根目录 (用“/”表示) 出发，使用绝对路径，但不推荐这样做。

include 指令对于文件的嵌入是一个静态的过程，即在 JSP 编译期间将被插入的文件内容解析成该页面 JSP 内容的一部分。因此被插入的文件必须符合 JSP 语法，可以是 HTML 静态文本、JSP 脚本元素等。

include 指令可以有效地把一个复杂的 JSP 页面先划分成若干独立的单元，有利于提高 JSP 页面的开发效率和后期维护效率。例如，我们可以将多个项目需要用到的同一功能代码片段进行划分，当项目需要使用这一功能时，只需使用 include 指令将这些代码引入，这样可以减少代码冗余，同时便于后续的统一修改。

除此之外，由于被包含的文件往往是在编译时才会被插入，如果仅是修改 include 文件中的内容，而没有修改 JSP 页面中的内容，那么得到的结果并不会改变。这是因为 JSP 引擎会认为 JSP 页面没有被改动，所以并不会重新编译，而是直接执行已经存在的字节码文件。因此，如果包含的 include 文件内容是不经常变化的，那么使用 include 指令是合适的；如果包含的内容经常变化，则需要使用动作元素 <jsp: include>。

3.taglib 指令

taglib 指令主要用来指示当前 JSP 页面使用的标记库类型，其定义格式如下：

<%(@taglib uri = "tagLibURI"prefix = "tagPrefix"%>

其中，属性 uri 用于描述标记库的位置 URI，属性 prefix 用于指定在当前 JSP 页面中引用标记库内标记时所使用的前缀。

（三）脚本元素

所谓脚本元素，是指 JSP 页面主要的程序代码，是开发人员书写的主要内容，主要包括三种，即声明、表达式以及脚本代码。从功能上区分，声明用于定义变量和方法，表达式用于输出计算结果，脚本代码则是一些代码片段。

通常来说，所有脚本元素都以“<%”标记开始，以“%>”标记结束。

1. 声明

JSP 页面经过编译将会生成 Servlet 类文件，而声明部分所定义的变量和方法则会成为编译后类的成员属性和方法。这就意味着，声明的变量和方法可以被同一 JSP 页面的其他代码访问。

声明部分相当于完成该页面中全局变量的定义和特定方法的抽象，其语法格式如下：

```
<% !declaration%>
```

声明可以出现在 JSP 页面的任意位置，也可出现多次，JSP 引擎会根据 <%!...%> 标记自动识别。JSP 在声明中与普通 Java 类一样定义成员变量和方法。

例如，声明一个计算阶乘的方法和存储结果的变量，其代码如下：

```
<% !
private int result;
public int fact( int num){
int result = 1;
for( int i = 1; i<= num; i++ ) {
result * = i;
```

```
}
this.result = result;
return this.result;
}
%>
```

注意，在声明变量时需要注意变量的作用域，如果是在“！”标记后声明变量，则意味着该变量的作用范围是整个 JSP 页面，其实质为一个类的实例成员变量，可以借助“this”这个关键字加以引用。如果是在声明的方法内部，则意味着该变量的作用域仅在这个方法内部，一旦该方法运行结束，则立刻出栈，局部变量会立刻消失。

通常来说，在声明的方法内部，会在引用的成员变量前面加上“this”关键字，以区分全局变量和局部变量。除此之外，在 JSP 声明中，除了声明实例成员变量和方法外，普通 Java 类中能够声明的静态成员（static）、内部类均可以在 JSP 中进行定义。

2. 表达式

JSP 表达式可以看作一种简单的输出形式，其语法格式如下：

```
<% = expression %>
```

需要注意的是，表达式必须具有输出值，且表达式不是程序代码，后面不能出现“;”，JSP 表达式可以是一个常量、一个变量或一个式子的计算。

例如，应用 JSP 表达式输出结果，其代码如下：

```
<%!
private int result;
public int fact( int num){
int result = 1;
for( int i = 1; i<= num; i++ ){
```

```
result * = i;
}
this.result = result;return this.result;
}
%>
<h2>1+2 的结果是 <%=1+2%></h2>
<h2>"1"+"2" 的结果是 <%= "1"+"2"%></h2>
```

表达式本质就是一条输出语句。当 JSP 页面编译成 Servlet 类之后，上述 2 个表达式变成如下 2 句脚本代码：

```
out. print(1+2 );
out. print("1" +"2");
```

JSP 表达式可以使得程序更为简洁，更加具有可读性，在使用时需要注意以下几点：一是表达式只是一个式子，不需要分号；二是表达式不仅可以实现输出的功能，有时还可以将结果作为变量的值或某些属性；三是表达式的输出结果可以和静态 HTML 模板进行组合，进而实现动态内容和静态样式的分离。

3. 脚本代码

脚本代码是完全意义上的 Java 代码段，可以进行某种处理，也可以产生输出。脚本代码的语法格式如下：

```
<% scriptlet %>
```

脚本代码在 JSP 页面的任意位置都有可能出现，取决于其运行顺序。脚本代码虽然是纯 Java 代码，但由于是在 JSP 页面中出现，势必要与 HTML 标签搭配使用，因此书写时要注意代码的缩进整洁，避免混乱。

例如，应用 JSP 脚本代码通过运算输出九九乘法表，其代码如下：

```
<%@page language = "java" contentType = "text/html; charset = gb2312"%>
```

```
<html>
<head>
<title> jsp7.jsp</title>
</head >
<body>
< h1 align = "center"> 九九乘法表 </h1 >
<table>
<%for( int i = 1; i<= 9; i++){%>
<tr>
        <% for( int j = 1;j<= i; j++ ){%>
        <td><% =i %>*<%=j%>=<% = i*j%></td>
        <%}%>
</tr>
<%}%>
</table>
</body >
</html>
```

注意，脚本元素和 HTML 标签的组合容易产生混乱，为保证代码的可读性，要养成良好的代码书写习惯。

（四）动作元素

动作元素可以实现动态插入文件、跳转到另一个页面、重用 JavaBean 组件等功能，均以“jsp”作为前缀，其语法格式如下：

<jsp: 标记名属性 1=" 属性值 1" 属性 2=" 属性值 2"……属性 n=" 属性值 n"> 或者

<jsp: 标记名属性 1=" 属性值 1" 属性 2=" 属性值 2"……属性 n=" 属性值 n">

……

</jsp: 标记名 >

需要注意的是，动作元素是在客户端请求时动态执行的，因此每次客户端进行请求时都有可能被执行一次。

1.<jsp: include> 动作

<jsp: include> 动作的功能是将静态 HTML 或 JSP 动态内容嵌入当前 JSP 页面。其语法格式有以下两种形式：

<jsp: include page = “URL”>

或者

<jsp:include page = “URL”>

[<jsp: param -->]*

</jsp: include >

其中，第一种形式较为简单，只需要设置 page 属性指定被包含文件所在的位置，即 include 指令的 file 属性；第二种形式比较复杂，需要在 < jsp : include> 标记中使用 < jsp:param> 标记，以便于将一个或多个参数传递给被包含的动态页面。

<jsp: include> 动作元素通常可以包含静态文件和动态文件两类。前者是指仅把包含的内容加到 JSP 文件之中，后者是指包含的动态文件被 JSP 编译器执行。因此，如果 JSP 文件中包含的是长期固定不变的 JSP 动态文件，一旦使用 <jsp:include> 动作元素，在每次执行时都需要重新编译，反而会降低执行效率，此时推荐使用 include 指令。

2.<jsp: forward> 动作

<jsp: forward> 动作的功能是实现页面之间的跳转，从当前 JSP 页面转向服务器上另一个相同上下文环境中的资源，可以是另一个 JSP，Servlet 或静态资源。其语法格式如下：

<jsp:forward page = "URL"/>

或者

<jsp:forward page = "URL" >

<jsp: param >

</jsp:forward >

</jsp:forward > 动作与 < jsp: include> 动作一样有两种语法格式，第二种除了指明要跳转的资源 URL 外，还可以使用 < jsp: param> 动作指明要传递给跳转资源的一个或多个参数。

3.<jsp:param> 动作

<jsp:param> 动作元素是配合 <jsp: include> 动作元素和 < jsp: forward > 动作元素一起使用的，其功能是传递参数，语法格式如下：

<jsp: param name = "paramName" value = "paramValue">

其中，name 表示要传递参数的名称，value 表示对应参数的值。

在 JSP 代码中，我们可以使用 < jsp:param> 动作元素形成名为 name 的参数，使用 < jsp: forward> 动作进行页面跳转，使用 request 对象的 getParameter() 方法将传递过来的参数接收并显示，进而实现传递参数的功能。

二、JSP 运行机制

根据功能和作用的不同，Web 容器管理 JSP 页面的生命周期分为两个阶段。

（一）转换阶段

在这一阶段，Web 服务器主要处理请求 JSP 页面，即当 JSP 页面的客户请求到来时，JSP 容器需要对 JSP 页面的语法进行检验，并将 JSP 页面转换为 Servlet 源文件，最后调用 javac 工具类编译 Servlet 源文件，以获得 class 文件（字节码文件）。

（二）执行阶段

在这一阶段，Web 容器的主要任务是返回响应。

首先，Servlet 容器加载转换后的 Servlet 类，并实例化一个对象，处理客户端的请求。

其次，当请求处理完成之后，JSP 容器接收响应对象。

最后，JSP 容器将 HTML 格式的响应信息发送到客户端。

JSP 文件的执行过程如图 4-1 所示。

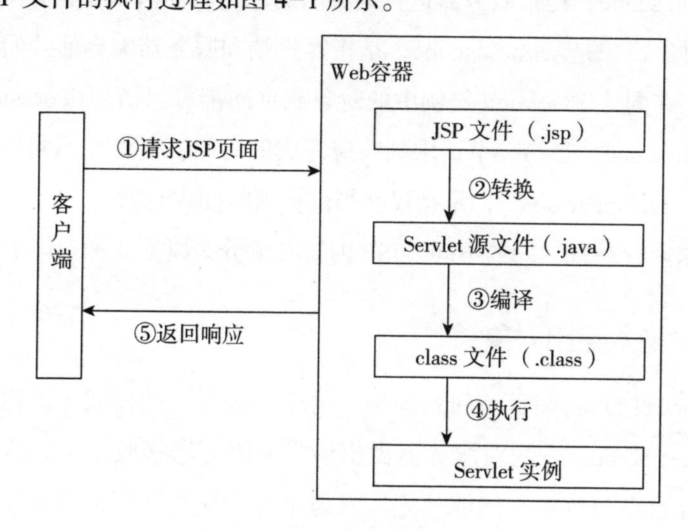

图 4-1　JSP 文件的执行过程

从上述过程可以看到，当第一次加载 JSP 页面时，由于需要将 JSP 文件转换为 Servlet 类，因此其响应速度较慢。当再次请求时，由于第一次请求时产生的 Servlet 类已经存在，因此 JSP 容器可以直接执行，无须重新转换，此时执行速度较快。

需要注意的是，在 JSP 执行期间，JSP 容器会检查 JSP 文件，看是否有更新或修改。一旦发生变化，JSP 容器会再次编译 JSP 文件或 Servlet 类；如果没有更新或修改，则会直接执行前面产生的 Servlet。

第三节 JSP 内置对象的类型

JSP 内置对象是指在编写 JSP 时可以直接使用的、已经创建好的并不需要人工创建的对象。在编写 JSP 代码时，我们可以直接在 Java 程序代码和表达式中使用这些对象。

在 JSP 中，内部对象的生存时间和范围大致可以分为四种：一是 application scope，是指服务器运行到关闭的范围，任何页面和对象都可以访问该对象；二是 session scope，是指客户端和服务器端会话开始到结束的范围，在同一个 session 实例中的对象或页面都可以访问该 session；三是 request scope，是指一个请求到响应完成的时间，允许在不同页面中传递信息；四是 page scope，是指仅在当前页面时间内有效。

根据内置对象功能的不同，JSP 内置对象分为以下几种。

一、输入输出对象

基于 HTTP 的网页访问是一种“请求—响应”的模式，即用户在客户端以 get 或 post 方法对服务器做出请求，服务器接收请求信息并做出响应。在这个过程中，能够处理所有请求与响应中数据的对象主要使用以下几种。

（一）request 对象

request 对象代表来自客户端的请求，包括 URL 重写所传数据、用户通过 Form 表单提交的数据等。使用 request 对象可以获取用户提交的信息：该对象通过调用 getParameter(String name) 和 getParameterValues(String name) 来获取请求对象 request 中所包含的参数值。request 对象示意图如图 4–2 所示。

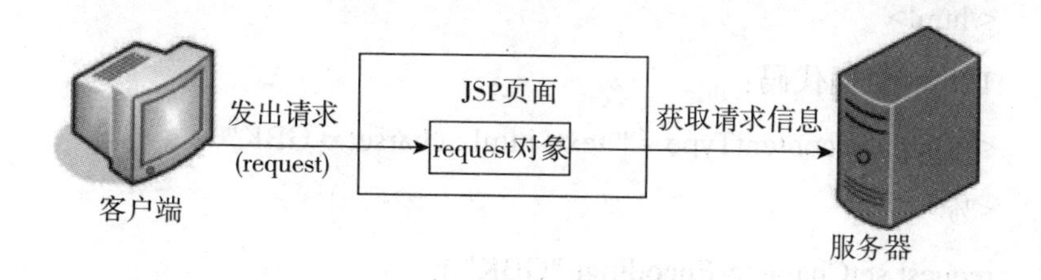

图 4-2　request 对象示意图

其中，getParameter(String name) 的作用是返回 name 指定参数的参数值; getParameterValues(String name) 的作用是返回参数 name 的所有值的数组。

request 对象的用途主要体现在获取表单数据和获取 URL 重写数据等方面，具体应用如下。

1. 使用 request 对象获取表单数据

表单是用户向服务器提交数据的主要方式之一, request 对象最多的应用就是获取用户提交的表单数据。例如，用户登录邮箱，首先需要填写账户信息表单并提交，服务器使用 request 对象获取用户名和密码进行身份验证，然后才能开始收发邮件，其代码如下：

T1 . jsp 页面代码：

```
<% @page contentType = " text/ html ; charset = GBK"% >
<html >
<body bgcolor = cyan >
<font size =3 >
<form action = " t2. jsp" method = post name = form >
<input type = " text" name = "al " >
<input TYPE = " submit" value = " Enter" name = " submit" >
</form >
</font>
</body >
```

```
</html>
```

T2. jsp 页面代码：

```
<% @page contentType = " text/ html ; charset = GBK"%>
<%
request.setCharacterEncoding( "GBK" );
% >
<html >
<body bgcolor = cyan >
<font size =4 >
获取文本框提交的信息代码：
<%
String textContent = request. getParameter( " al " );
% >
<% = textContent% >
<BR> 获取按钮的名字代码：
<%
String buttonName = request. getParameter( " submit" );
% >
<% = buttonName% >
</font >
</body >
</html >
```

在上述代码中，调用 request 对象的 request. getParameter() 方法获得用户提交的表单信息，进而实现用户的身份验证等操作。

2. 使用 request 对象获取 URL 重写数据

用户向服务器提交数据的另一种主要方式是使用 URL 重写。使用

URL 重写的方式提交数据，采用 get 方法，即明文方式传输数据。例如，request 对象可以将获取的信息重新编码，并将编码存放到一个字节数组之中，将其转化为字符串，其代码如下：

```
String str = request. getParameter( " message" ) ;
byte b[] = str. getBytes( " ISO - 8859 - 1" );   // 编码方式为 ISO-8859-1
str = new String( b);
```

（二）response 对象

当用户访问服务器的页面时，通常会提交 HTTP 请求，服务器收到请求时，将会返回 HTTP 响应。和请求类似，每个响应都是由状态行开始的，可以包含几个头和可能的信息体（网页的结果输出部分）。

response 对象代表的是服务器对客户端的响应，可以通过 response 对象来组织服务器端发送到客户端的数据，如图 4-3 所示。

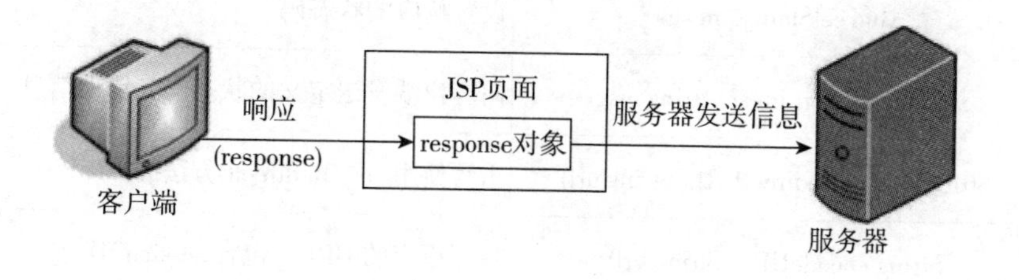

图 4-3 response 对象示意图

例如，用户在请求访问某个 JSP 页面时，可以使用 page 指令对页面 contentType 属性进行响应，即将该属性的值设置为 text/html，那么 JSP 引擎将按着属性值响应用户对页面的请求，进而浏览器使用 HTML 解释器对接收到的响应加以解释执行。需要注意的是，在这一过程中 JSP 引擎会将页面的静态部分返回给用户。

1.response 对象的方法

response 对象的常用方法见表 4-2。

表 4-2　response 对象的常用方法

方法	描述
void addCookie(Cookie cookie)	添加指定的 cookie到响应对象
void addHeader(String name, String value)	添加指定的 name和 long类型值到标题头
void addDateHeader(String name, long date)	添加指定的 name和 string类型值到标题头
void addIntHeader(String name, int value)	添加指定的 name和 int类型值到标题头
void setHeader(String name, String value)	使用指定的 name和 string类型值设置标题头
void setDateHeader(String name, long date)	使用指定的 name和 long类型值设置标题头
void setIntHeader(String name, int value)	使用指定的 name和 int类型值设置标题头
void sendError(int sc)	向客户端发送定义的状态码
void setStatus(int sc)	设置响应的状态码
void sendError(int sc, string msg)	向客户端发送定义的状态码和错误信息
String encodeRedirectURL(String url)	重写使用 sendRedirect()方法的 URL
String encodeURL(String url)	重写指定的 URL，包含 session ID

2.response 对象的用途

对于 response 对象来说，最常用的用途包括以下两种。

（1）使用 response 对象设置 HTTP 响应报头。

response 对象是 JSP 的内置对象之一，可以使用 response 对象设置 HTTP 响应报头。例如，使用 page 指令将 contentType 属性设置为 text/html，此时 Web 容器则按照这种属性值予以响应，但如果要动态改变这个属性值来响应客户端，需要使用 response 对象的 setContentType() 方法来改变该属性值。

例如，使用 response 对象设置 HTTP 响应报头属性值，即使用户不做任何操作，10 秒之后也会自动跳转，其代码如下：

```
<%@page language = "java" contentType = "text/html; charset = gb2312"%>
<html>
<head>
<title>Title</title>

</head >
<body>
<h3>10 秒之后没有跳转 <a href = "index.jsp"> 请单击这里 </a></h3>
<%
response.setHeader( "refresh" , "10;url = index.jsp" );
%>
</body >
</html>
```

（2）使用 response 对象重定向页面。

很多时候，服务器对客户端的响应是将客户端重新定向到另一个页面，此时可以使用response对象的sendRedirect()方法实现客户端的重定向。

例：在账号信息验证过程中，可以使用 response 对象重新定向到错误提示页面。当输入用户名和密码后，通过“登录”按钮提交表单，此时可以将两个参数传递给服务器的 jsp1.jsp 页面。

其代码如下：

```
<%@page contentType = "text/html; charset = GBK"%>
<%
request.setCharacterEncoding( "gb2312");
String uname = request.getParameter("username" ) ;
```

```
String pwd = request.getParameter( "password") ;
if( trame. equals(" 王四 ") &&pwd. equals( "456")) {
out. println("<h3> 您好 ,"+ uname + "，您已登录成功 !</h3>");
} else {
……response.sendRedirect( "error.jsp") ;
}
%>
```

上述代码通过 request 对象获取传递的参数，并判断用户名和密码是否正确。如果验证成功，则跳转页面；如果验证失败，则使用 sendRedirect() 方法重新定位到错误页面。在这一过程中，地址栏的地址发生了变化，说明 response 对象的 sendRedirect() 方法的重定向是客户端和服务器发起的新链接，也就是说一旦 response 对象重定向，其所存储的属性会全部消失。

（三）out 对象

out 对象的主要作用是向客户端输出各种格式的数据，同时管理服务器上的输出缓冲区，out 对象是 javax，servlet，jsp，JspWriter 类的实例。out 对象的方法通常包括以下几种，见表 4-3。

表 4-3　out 对象的方法

名称	作用	注意事项
print()	输出各种格式的数据	输出完毕后不会换行
println()		输出完毕后会自动换行(在查看源文件时会看到换行效果，但并不会在网页上产生换行效果)。如果需要在网页上产生换行效果，必须使用 </br>标签
newLine()	输出一个换行符号	换行效果无法体现在页面上，需要查看源文件才能看到效果

续表

名称	作用	注意事项
flush()	强制输出服务器中输出缓冲区中的数据	如果编译指令page的autoFlush属性值设为true，则JSP程序将会把输出数据缓存在服务器的输出缓冲区，一旦程序结束或没有空余空间，则会将数据发送给客户端。此时，如果使用flush()方法，无论缓冲区是否被充满，都将会把数据强制发送到客户端
close()	关闭对客户端的输出流	首先会将缓冲区数据强制输出到客户端
clear()	清除缓冲区的数据，但不会将数据写到客户端	如果缓冲区的数据为空，则调用该方法将会产生IOException错误
clearBuffer()	强制清除缓冲区的数据，并将数据写到客户端	即使缓冲区的数据为空，也不会产生IOException错误
getBufferSize()	获得缓冲区的大小	通过设定编译指令page和buffer属性确定
getRemaining()	获得缓冲区尚未使用的字节数目	无
isAutoFlush()	返回相对应的布尔值	返回结果由编译指令page的autoFlush的属性值决定

例如，使用out对象在页面上输出“Hello World”，并将其按照字号由小到大排列，其代码如下：

```
<%@page language = "java"contentType = "text/html; charset = gb2312"%>
<html>
<head>
<title> jsp10.jsp</title></ head>
<body >
<%
    for( int i = 1; i<= 5; i++ ) {
```

```
                out.println("< font size = " + i+">"+ "HelloWorld</
font><br >");
        }
    %>
    </ body >
    </html>
```

二、作用域对象

在 JSP 内置对象中，存在一组作用域对象，可以通过作用域对象在 Web 应用程序中共享信息。例如，在电子商务网站之中，购物模块、结算模块和登录模块等需要共享用户信息，通过作用域对象则可以实现。

（一）作用域对象的概念

在 Servlet API 中，对用来在特定范围内共享信息的对象（作用域对象）进行定义和描述，同时 JSP 中定义对应的内置对象。因此，开发人员只需要根据信息的有效范围选择合适的作用域（指的是上下文）。在这个作用域中，只要数据被关联或存储，就可以实现信息共享。

传统的应用程序往往存在一些可以关联变量和对象引用的上下文，包括方法、类、包等。在 Web 应用程序之中，由于所有的作用域并不独立，一个对象可以很大程度为一个应用程序的组件所使用，因此作用域常常由代码块划分界限。

在 Java Web 应用程序中，存在四种作用域，即 page，request，session，application。其中，每个作用域具有单独的类，可以借助这些类对上下文的相关数据进行检索和存储。

（二）pageContext 对象

该对象的对应类型是 javax.servlet.jsp.PageContext，它的创建和初始化都是由容器来完成的。

pageContext 对象为访问页面作用域中定义的所有内置对象提供了访问的方法，见表 4-4。

表 4-4 pageContext 对象常用的方法

方法	作用
void forward(String relativeUrlPath)	把页面重定向到另外一个页面或 Servlet
void removeAttribute(String name)	根据指定名称从 pageContext对象中移除存放的属性值
void setAttribute(string name,object value)	以名称 /值的方式将一个对象的值存放到 pageContext对象中
object getPage()	返回当前的 page对象
object getAttribute(String name)	根据指定的名称从 pagecontext对象中获取存放的属性值
ServletRequest getRequest()	返回当前的 request对象
ServletConfig getServletconfig()	返回当前的 config 对象
ServletResponse getResponse()	返回当前的 response对象
ServletContext getservletcontext()	返回 application对象，这个对象对于所有的页面都是共享的
Jspwriter getOut()	返回当前的 out对象
Exception getException()	返回当前的 exception对象
HttpSession getSession()	返回当前页面的 session对象
object findAttribute(String name)	按照 page，request，session，application范围实现对某个已经命名属性的搜索

从 pageContext 对象提供的方法可以看出，pageContext 对象实际上为用户提供了访问其他内置对象的统一入口。开发人员可以直接应用 pageContext 对象完成相应的功能。

在 pageContext 对象中，可以使用 setAttribute() 方法和 getAttribute()

方法等对其属性进行获取和设置，其方法如下：

public abstract void setAttribute(String name，object value，intscope)

public abstract object getAttribute(string name，int scope)

在上述方法中，scope 参数用于指定要获取哪一个范围对象的属性，共有四个可能的取值：一是 PageContext.PAGE_SCOPE，表示页面的作用范围；二是 PageContext.REQUEST_ SCOPE，表示请求的范围；三是 PageContext.SESSION_ SCOPE，表示会话的范围；四是 PageContext.APPLICATION_SCOPE，表示 Web 应用程序的范围。

同时，通过设置 pageContext 对象，我们还可以设置和得到在其他范围对象中保存的属性。

（三）page 对象

page 对象是当前页面转换后的 Servlet 类的实例，从转换后的 Servlet 类的代码中，可以看到这种关系：

Object page = this;

page 对象的作用范围仅限于用户请求的当前页面，一旦转移到其他页面，该 page 对象就会被释放或者在请求被转发到其他地方后被释放。通常来说，对 page 对象的引用通常存储在 pageContext 对象中。需要注意的是，在 JSP 页面中，我们很少使用 page 对象。

（四）session 对象

session 对象的主要功能是解决客户端和服务器之间会话期间的状态跟踪问题，是重要的 JSP 内置对象之一，可以在每个用户之间分别保存用户信息。其中，会话期间是指从用户打开浏览器并连接到服务器开始，直至用户离开这个服务器为止。

当用户访问某个服务器时，可能在这个服务器中的几个页面之间反复连接，因此有必要借助 session 对象加以区分。这是因为不同用户面临的 session 对象是不同的。当用户浏览 JSP 页面时，系统将会为用户生成唯一的 session 对象，进而记录该用户的个人信息和相关信息。

session 对象通常用于跟踪用户的会话信息，包括判断用户是否登录系统、商品是否在购物车中等。例如，可以借助 session 对象实现图书购物车的应用程序。

1.session 对象的 ID

当用户首次访问 JSP 页面时，Web 容器会自动创建一个 session 对象，此时这个创建的 session 对象会被分配一个 ID 号，Web 容器将会把这个 ID 号发送到客户端，并保存在 cookie 中，以便于 session 对象和客户端建立起一一对应的关系。

需要注意的是，当用户再次通过浏览器连接该服务器的其他页面时，并不会再分配给用户新的 session 对象，然而当用户重新打开浏览器并连接到该服务器时，将会重新创建一个新的 session 对象。因此，同一个用户在同一个 Web 服务目录中的 session 对象相同，在不同的 Web 服务目录中 session 对象并不相同。

2.session 对象的生命周期

session 对象的生命周期是指从创建到销毁的整个过程，即在客户端和服务器会话期间，主要由以下三个因素决定：

（1）用户是否关闭浏览器。

（2）session 对象是否达到最长的“发呆状态”时间。

（3）session 对象是否调用 invalidate() 方法。

以上三个因素中任意一个发生变化，session 对象都会消失。

3.session 对象的方法

session 对象的方法有很多，常用的见表 4-5。

表 4-5 session 对象常用的方法

方法	描述
String getId()	获取 session对象
void invalidate()	设置 session对象失效
void setMaxInactiveInterval(int interval)	设置 session的非活动时间
int getMaxInactiveInterval()	获取 session对象的有效非活动时间(以秒为单位)
object getAttribute(String key)	通过 key获取对象值
void setAttribute(String key , object value)	以 key/value的形式保存对象值
void removeAttribute (String key)	从 session中删除指定名称(key) 所对应的对象

（五）application 对象

application 对象提供了对 javax. servlet. ServletContext 对象的访问，往往用于多个用户或多个程序之间共享数据。该对象存在于服务器的内存空间中，服务器一旦启动就会自动产生该对象，只有服务器关闭，该对象才会消失。

1.application 对象的特点

和 session 对象不同，所有用户的 application 对象都是同一个，也就是说所有用户共享这个内置的 application 对象。

2.application 对象的方法

（1）getAttribute(String arg)：获取 application 对象中含有关键字的对象。

（2）getAttributeNames()：获取 application 对象的所有参数名字。

（3）getMajorVersion()：获取服务器支持的 Servlet 的主版本号。

（4）getMinorVersion()：获取服务器支持的 Servlet 的从版本号。

（5）removeAttribute(java. lang.String name)：根据名字删除 application 对象的参数。

（6）setAttribute(String key , Object obj)：将参数 Object 指定的对象 obj 添加到 application 对象中，并为添加的对象指定一个索引关键字。

在 application 对象的生命周期中，在服务器中运行的每个 JSP 程序都可以任意存取 application 对象绑定的参数值，这有利于多个用户、多个 JSP 程序共享全局信息。例如，可以通过使用 application 对象实现网页计数器的功能，其代码如下：

```
<%@page contentType = "text/html; charset = gb2312" language =
"java"%>
<html >
<head >
        <title> 计数器 </title>
</head>
<body >
        <h3 align = "center"> 计数器 </h3>
          <%
                request.setCharacterEncoding( "GB2312");
                 Integer counter = ( Integer )application. getAttribute("
counter");
                    if( counter != null){
                          application. setAttribute( " counter", counter + + );
                       else{
                          application.setattribute( " counter"， 1);
                        }
                       out.println("<p> 你好，欢迎第 " +counter + " 用户访
问本网站 </p>");
```

```
%>
</body >
</html>
```

三、其他对象

除了上述内置对象之外，JSP 还有流转控制对象、异常处理对象、初始化参数对象，其作用和功能如下。

（一）流转控制对象

在 JSP 开发过程中，为方便使用，难免会将处理用户请求的控制权转交给其他 Web 组件，这时就需要流转控制对象的帮助。forward（转发）和 include 是流转控制权的重要方法。

forward（转发）会把处理用户请求的控制权转交给其他 Web 组件。forward 在有些时候会比较有用，如需要用一个组件设置一些 JavaBean、打开或者关闭资源、认证用户，或者在将控制权传递给下一个组件之前需要做一些准备工作的时候。在转发之前可以执行很多类型的任务，但是要转发的组件不能设置响应头部信息，也不能有内容发送到输出缓冲区。所有与发送内容直接有关的任务必须由被转发的组件完成。

include 的主要作用是维持对请求的控制权，即仅是简单地请求将另一个组件的输出包含在指定页面的某个特定的地方。例如，可以将页首、页脚等设计元素使用 include 的组件进行设计。

无论是 forward 还是 include，都是通过专门的对象 java.servlet.RequestDispatcher 来完成的。其中，调用该对象的方法是 getRequestDispatcher()。

（二）异常处理对象

exception 对象是 java.lang.Throwable 的实例，该实例代表 JSP 页面

中的异常和错误。一旦出现错误和异常页面，即 page 指令的 isErrorPage 属性为 true，该对象就可以使用。异常处理对象常用的方法有两种，即 getMessage() 和 printStackTrace()。

例如，存在一个用于计算金额的 price.jsp 页面，当传入的金额不合法时，需要调用 excep.jsp 页面，其代码如下：

price.jsp 页面代码：

```
<%@page language="java" errorPage="excep.jsp" contentType="text/html";
charset=UTF-8%>
<html>
<head><title> 计算金额 </title>< / head>
<body>
<%
string strPrice=request.getParameter("p");
double price=Double.parseDouble(strPrice);
out.print1n(" 金额 :"+price * 3);
%>
< / body>
</ html>
```

excep.jsp 页面代码：

```
<%@page language="java" isErrorPage="true" contentType="text/html;
charset=UTF-8"%>
<html>
<head><title> 错误信息 </title></ head>
<body>
产生异常 :<%=exception.getMessage()%>
</ body>
</html>
```

运行上述程序，当使用“http://localhost:8080/ch06/price.jsp?p=1000.50”访问 price.jsp 时，会得到正确的金额，如果使用“http://localhost:8080/ch06/price.jsp?p=abcd”，则会调用 excep.jsp 页面，显示产生异常的文本。

（三）初始化参数对象

config 对象的类型是 javax.servlet.ServletConfig，表示 Servlet 的配置。当 Servlet 进行初始化时，容器把配置信息通过此对象传递给这个 Servlet。

config 对象的方法与 Servlet 中的 ServletConfig 对象的方法一致，常用的方法有 getServletContext()、getInitParameter()、getInitParameterNames()、getServletName() 等。例如，可以使用 config 对象获取初始化参数，其代码如下：

```
<servlet>
<servlet-name>config_jsp< / servlet-name>
<jsp-file>/config.jsp</jsp-file>
<init-param>
<param-name>configFile</param-name>
<param-value>C:\config\config.txt</param-value>
</init-param>
< /servlet>
<servlet-mapping>
<servlet-name>config_jsp< /servlet-name>
<url-pattern>/jsp/config</ url-pattern>
< / servlet-mapping>
```

从上述配置中可以看出，配置的初始化参数名称为 configFile，值为一个文件名。其实以上配置与 Servlet 配置差不多，只不过将 <servlet-class> 元素改成了 <jsp-file> 元素。<jsp-file> 元素指向的文件是 webRoot 下的 config.jsp,config.jsp 的内容：

```
<%@page language="java" contentType="text/html; charset=UTF-8"
pageEncoding="UTF-8"%>
< ! DOCTYPE html PUBLIC "-//w3C//DTD HTMNIL4.01 Transitional//EN">
<html>
<head>
<meta http-equiv="content-Type" content="text/html; charset=UTF-8">
<title> 读取初始化参数 </title>
</head>
<body>
配置文件名 : <%=config.getInitParameter("configFile")%>
< /body>
</html>
```

要想正确读取配置文件的初始化内容，就需要使用 web.xml 来访问 config.jsp，其访问路径如下：http: //localhost:8080/ch06/jsp/config，运行效果如图 4-4 所示。

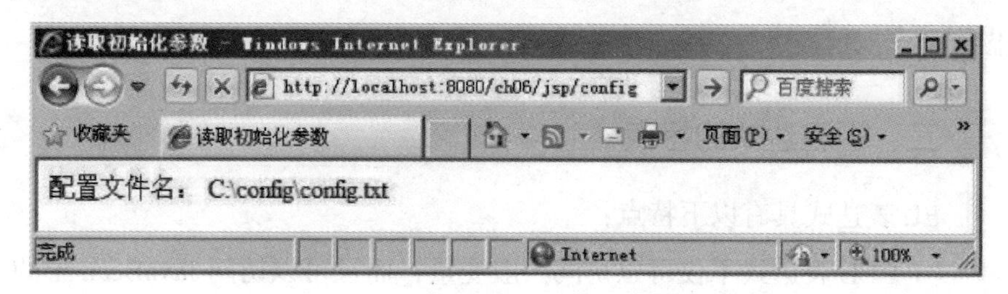

图 4-4　使用 config 对象读取初始化参数

第四节　EL 表达式及其应用

EL 表达式语言是一种简单的语言，提供在 JSP 中简化表达式的方法，能有效减少 JSP 页面中的 Java 代码，使得 JSP 页面的处理程序更加简洁。

一、EL 表达式的组成

EL 表达式包括变量、操作符、数字、布尔值、文本、null 值等元素，通常以 ${} 来标记内容，任何存储在某个 JSP 作用范围内的 bean 均能被作为 EL 变量进行使用。

当 EL 表达式中的变量没有指定范围时，一般系统会默认从 page 范围内进行查找。如果 page 范围内没有，将会依次从 request，session 和 application 等范围内查找，一旦查找到指定的变量则直接返回，否则将会返回 null。同时，EL 表达式提供指定存取范围的方法，即在输出表达式的前面加入指定存取范围的前缀。

EL 提供两种运算符对数据进行提取，即“.”和“[]”。如果要存取的属性名称包括某些特殊字符或非字母和数字的符号（如“||”），就必须使用“[]”运算符；如果仅提取某些属性，则可以使用“.”运算符。例如，${user.My-name} 应当改为 ${user[“My-name”]}。

需要注意的是，“[]”运算符可以实现动态取值，而“.”运算符无法做到动态取值。

二、EL 表达式的特点

EL 表达式具有以下特点：

（1）EL 表达式不仅可以访问一般变量，而且可以访问 JavaBean 中的属性以及嵌套属性和集合对象。

（2）EL 表达式可以执行关系运算、算术运算和逻辑运算等。

（3）EL 表达式可以获得命名空间。

（4）EL 表达式的扩展函数可以与 Java 类的静态方法进行映射。

（5）在 EL 表达式中可以访问 JSP 的作用域，即 session，request，page 和 application。

（6）EL 表达式可以和 JSTL 标签、JavaScript 语句结合使用。

三、EL 表达式的操作符

操作符描述了对变量所期待的操作，具有重要的作用和价值。EL 表达式常见的操作符见表 4-6。

表 4-6　EL 表达式常见的操作符

操作符	描述	范例
.	访问一个 bean属性或 Map entry	${sessionScope.username} 去除 session范围内的 username变量
[]	访问一个数组或链表元素	
( )	对子表达式分组，用来改变赋值顺序	
+	加运算	${2+3}
–	减运算或对一个值取反	${3–2}
*	乘运算	${3*2}
/or div	除运算	${4/2}或 ${4 div 2}
？：	条件语句，如条件？ if True;if False。如果条件为真，表达值为前者，否则为后者	${A? B：C} 当 A为 true时，执行 B；当 A为 false时，执行 C
% or mod	取余数运算	${10%4}或 ${10 mod 4}
== or eq	判断符号左右两端是否相等，相等返回 true，不相等返回 false	${6==6}或 ${6eq6}
！ =or ne	判断符号左右两端是否不相等，不相等返回 true，相等返回 false	${6!=6}或 ${6ne6}
< or lt	判断符号左边是否小于右边，符合条件返回 true，否则返回 false	${4<6}或 ${4lt6}
<= or le	判断符号左边是否小于或者等于右边，符合条件返回 true，否则返回 false	${4<=6}或 ${4le6}
> or gt	判断符号左边是否大于右边，符合条件返回 true，否则返回 false	${6>4}或 ${6gt4}

续表

操作符	描述	范例
>= or ge	判断符号左边是否大于或等于右边，符合条件返回 true，否则返回 false	${6>=4}或 ${6ge4}
&& or and	如果左右两边同为 true，返回 true，否则返回 false	${A && B}或 ${A and B}
|| or or	左右两边有任何一边为 true则返回 true，否则返回 false	${A || B}或 ${A or B}
! or not	如果对 true取运算返回 false，否则返回 true	${!A }或 ${not A}
empty	对一个空变量进行判断，判断其值是否为空：null 、空数组、一个空 String、空 Map等	
func(args)	调用方法，其中 func是方法名，args 是参数，参数的个数为 0到多个不等，用逗号隔开	

四、EL 表达式的内置对象和应用

EL 表达式有 11 个自己的隐含对象，其类型和作用见表 4-7。

表 4-7 EL 表达式的隐含对象的类型和作用

隐含对象名称	类型	作用
pageContext	java.servlet.ServletContext	表示此 JSP的 pageContext
pageScope	java.util.Map	取得 page范围的属性名称所对应的值
requestScope	java.util.Map	取得 request范围的属性名称所对应的值
ApplicationScope	java.util.Map	取得 application范围的属性名称所对应的值
sessionScope	java.util.Map	取得 session范围的属性名称所对应的值
param	java.util.Map	同 ServletRequest. getParameter(String name) 一样，回传 String类型的值

续表

隐含对象名称	类型	作用
paramValues	java.util.Map	同 ServletRequest. getParameterValues(String name)一样，回传 String[]类型的值
header	java.util.Map	同 ServletRequest. getHeader (String name)一样，回传 String类型的值
headerValues	java.util.Map	同 ServletRequest.getHeaders (String name) 一样，回传 String[]类型的值
cookie	java.util.Map	同 HttpServletRequest.getCookies()一样
initParam	java.util.Map	同 ServletContext. getInitParameter (Stringname)一样，回传 String类型的值

需要注意的是，如果需要应用 EL 表达式输出常量，字符串就应当加双引号，否则 EL 表达式默认将该常量当作变量处理，这时如果变量不在 4 个声明范围之内将会输出空，如果在则会输出该变量的值。

第五节　JSTL 标签库

JSTL 是一个开放源代码的 JSP 标准标签库，为 Java Web 人员提供标准的、通用的标签库。开发人员可以应用这些标签取代某些 Java 代码，进而提高程序的可读性，并降低维护程序和代码的难度。

一、JSTL 核心库简介

JSTL 核心库主要有输入 / 输出、迭代操作、流程控制和 URL 操作功能。在 JSP 页面使用 JSTL 核心库标签时，需要用 taglib 指令指明该标签库的路径，如：

```
<%@taglib prefix = "c"uri = "http://java. sun.com/jsp/jstl/core"% >
```

prefix="c" 说明 JSTL 核心库的标签必须以 c 开头。uri= http://java.

sun. com/jsp/jstl/core 指定了 JSTL 核心库的 tld 声明文件的 uri 地址。

在上述示例中，标签的前缀名 c 是由开发人员自己设置的，但 uri 则是系统已经设定好的，通常并不需要修改该设置。

二、JSTL 库标签分类

在 JSTL 核心库中，根据功能的不同，标签分为以下四类。

（一）输入 / 输出标签

1.<c:out> 标签

<c:out> 标签的功能相当于 JSP 中的 out 对象，可以在 JSP 页面上打印（显示）字符串或数据，其语法格式如下。

语法 1：没有标签体内容

```
<c:out value="value"[escapeXml="{true|false}"][default="defaultValue"]/>
```

语法 2：有标签体内容

```
<c:out value="value"[escapeXml="{true| false}"]>
default value
</c:out>
```

<c:out> 标签常用的属性包括三个。

（1）value。

value 可以是输出的信息、EL 表达式或常量，是必需的属性，通常没有默认值。

（2）default。

default 为空时显示信息，并非必需的属性，通常没有默认值。

（3）escapeXml。

escapeXml 如果为 true 则避开特殊的 XML 字符集，是非必需的属性，通常默认值为 true。

例如：

代码：<c:out value=" $ {user.username} " default= "guest"/>

作用：显示用户的用户名，如为空则显示 guest。

代码：<c:out value=" $ {sessionScope. username}" />

作用：指定从 session 中获取 username 的值显示。

2.<c:set> 标签

<c:set> 标签主要用来将变量存储到 jsp 范围中或 JavaBean 中的属性中，其常用属性见表 4-8，语法格式如下：

语法 1：

<c:set value="value" var="varName"scope="{ page|request|session |application}"/>

作用：将 value 值存储到范围为 scope 的 varName 变量中。

语法 2：

```
<c:set var="varName"
scope="{ page|request| session| application}">
  标签体内容
</c:set>
```

作用：将标签体内容存储到范围为 scope 的 varName 变量中。

语法 3：

<c:set value= "value" target="target" property="propertyName"/>

作用：将 value 值存储到 target 对象的属性中。

语法 4：

```
<c:set target="target" property="propertyName">
  标签体内容
</c:set>
```

作用：将标签体内容值存储到 target 对象的属性中。

表 4-8 <c:set> 标签常用属性

属性	描述	默认值	是否是必需的
value	要被存放的值或 EL表达式（或常量）	无	是
var	被赋值的变量名	无	否
target	被赋值的 JavaBean实例的名称	如果该属性存在，则 property属性必须存在	否
property	JavaBean实例的变量属性名称	无	否
scope	变量的作用范围	page	否

例如：

代码：

```
<c:set var="number" scope="request" value="$(1 + 1)"/>
<c:set var="number" scope="session"/>
${3+5}
</c:set>
<c:set var="number" scope="request"
value="${param.number }"/>
<c:set target="User" property="name"
value=" ${param.Username}"/>
```

说明：

（1）将 2 存放到 request 范围的 number 变量中。

（2）将 8 存放到 request 范围的 number 变量中。

（3）假设 $ {param. number} 为 null，则移除 request 范围的 number 变量，否则将 ${param.number} 的值存放到 request 范围的 number 变量中。

（4）假设 ${ param.Username} 为 null，则设定 User 的 name 属性为 null，否则将 ${ param Username} 的值存入 User 的 name 属性 (setter 机制)。

3.<c:remove> 标签

<c:remove> 标签的主要作用是删除存在于 scope 中的变量，其常用属

性和描述见表 4-9，语法格式如下：

<c:remove var="varName" scope="{page| request| session| application }"/ >

表 4-9 <c:remove> 标签的常用属性和描述

属性	描述	默认值	是否是必需的
var	需要被删除的变量名	无	是
scope	变量的作用范围	如果没有指定，则默认为全部可查找	否

4.<c:catch> 标签

<c:catch> 标签包含一个 var 属性，是一个描述异常的变量，主要用来在 JSP 页面中捕捉异常，其语法格式如下：

<c:catch var= "varName">

将要抓取错误的地方

</c:catch>

如果发生错误，<c:catch> 将会把错误信息放在变量 var 中。如果错误发生在 <c:catch> 和 </c:catch> 之间，则两者之间的代码将会被忽略，但整个网页并不会被终止。

（二）流程控制标签

<c:if>标签是主要的流程控制标签之一，其常用属性和描述见表4-10。

表 4-10 <c:if> 标签常用属性和描述

属性	描述	默认值	是否是必需的
test	需要评价的条件，相当于 if(){}语句中的条件	无	是
var	要求保存条件结果的变量名	无	否
scope	保存条件结果的变量范围	page	否

例如：

```
<c:if test = " $ {user.wealthy}">
        user.wealthy is true.
            </c:if>
```

作用：如果 user. wealthy 值为 true，则显示 user. wealthy is true。

除此之外，流程控制标签还包括 <c:choose> 和 <c:when> 以及 <c:otherwise>。其中，<c:choose> 不接受任何属性，<c:when> 常用的仅有 test 一个必需属性，<c:otherwise> 同样不接受任何属性。

例如：

```
<c:choose>
<c:when test = " $ {user. generous}">
user. generousis true.
</c:when>
<c:when test = "${user.stingy}">
user.stingy is true.
</c:when>
<c:otherwise>
user. generous and user.stingy are false.
</c:otherwise>
</c:choose>
```

在上述代码中，因为 JSTL 没有形如 if (){...} else {...} 的条件语句，所以这种形式的语句只能用 <c:choose> <c:when> 和 <c:otherwise> 标签共同来完成。

（三）循环控制标签

1.<c:forEach> 标签

<c:forEach> 是主要的循环控制标签，可以将集合中的成员循环遍历一遍，其语法格式如下。

语法 1：迭代集合中所有的成员

<c:forEach var= "varName" items="collection"varStatus="varStatusName" begin="begin"end="end" step="step">

标签体内容

</c:forEach>

语法 2：指定迭代次数

<c: forEach var="varName" items="collection"

varStatus="varStatusName" begin="begin"

end="end" step="step">

当符合其中的条件时，会重复执行 <c:forEach> 的标签体内容。<c:forEach> 标签常用属性见表 4-11。

表 4-11　<c:forEach> 标签常用属性

属性	描述	默认值	是否是必需的
items	进行循序的项目	无	否
begin	开始条件	0	否
end	结束条件	集合中的最后一个项目	否
step	步长	1	否
var	代表当前项目的变量名	无	否
varStatus	显示循环状态的变量	无	否

例如：

```
<c:forEach items = " ${vectors}" var = "vector">
<c:out value = " ${vector}" />
</c:forEach>
```

上述代码相当于 Java 语句：

```
for (int i=0;i<vectors. size();i++) {out.println( vectors. g(i));}
```

2.<c:forTokens> 标签

<c:forTokens> 标签的作用是根据某个分隔符对指定字符串进行分隔，并遍历所有的成员，其功能和 java.util.StringTokenizer 类相同，语法格式如下：

```
<c:forTokens items="stringOfTokens" delims="delimiters"
[var="varName"][varStatus="varStatusName"][begin="begin"]
[end="end" ][step="step"]>
</c: forTokens>
```

在 <c:forTokens> 标签中，存在 7 个比较常见的属性，见表 4-12。

表 4-12　<c:forTokens> 标签属性

属性	描述	默认值	是否是必需的
items	被迭代的字串，进行分隔的EL表达式或常量	无	是
delims	定义用来分隔字串的分隔符	无	是
begin	开始位置	必须大于等于 0	否
end	结束位置	必须大于 begin	否
var	做循环对象的变量名	无	否
step	循环的步长	默认为 1(必须大于等于 0)	否
varStatus	显示循环状态的变量	无	否

例如：

```
<c:forTokens items="aa, bb,cc,dd" begin="0"end="2"step="2"
delims=" , " var="aValue">$ {aValue}
</c:forTokens>
```

根据上述属性和描述，可以得知该代码指定从第一个“,”开始分隔。其循环变量名指定为“aValue”，循环步长为“2”，因此该代码会显示“aa”。

（四）URL 相关标签

URL 相关标签可以分为以下几种。

1.<c:import> 标签

<c:import> 标签的作用是将其他静态或动态文件包含到本页面，不仅可以包含和自己同应用下的文件，而且可以包含和自己不同应用下的文件，具有更大的灵活性，其语法格式如下。

语法 1：

```
<c:import url="url" [context= "context"]
varReader="varReaderName"[charEncoding="charEncoding"]>
标签体内容
</c: import>
```

语法 2：

```
<c:import url="url"[context="context"][var="varName"]
[scope="{page|request|session| application}"]
[charEncoding="charEncoding"]>
标签体内容
</c: import>
```

在 <c:import> 标签中，常见的属性包括 url，context，var，charEncoding，scope，varReaer，见表 4-13。

表 4-13 <c:import> 标签属性

属性	描述	默认值	是否是必需的
url	需要导入页面的 URL，以“/”开头	无	是
context	用于在不用的 Context下导入页面，一旦出现该属性，必须以“/”开头，url属性也需要以“/”开头	无	否
var	定义导入文本的变量名	无	否
charEncoding	导入页面的字符集	无	否
scope	导入文本的变量名作用范围	无	否
varReaer	接收文本的 java.io.Reader类变量名	无	否

采用 <c:import> 标签导入静态文件或动态文件，通常包括三种导入方法，即在同一 Context 下导入，在不同的 Context 下导入以及导入任意的 URL。其中，如果 URL 为 null 或空，则会抛出 jspException。例如：

```
<c: import url="/MyHtml.html" var="thisPage"/>
<c: import url="/MyHtml.html" context="/sample2"var="thisPage" />
<c: import url="www.sample.com/MyHtml.html" var="thisPage" />
```

2.<c:url> 标签

<c:url> 标签的作用是得到一个 URL 地址，其语法格式如下。

语法 1：没有标签体内容

```
<c:url value="value" [context="context"][var="varName"]
[scope="{page|request|session| application}"]/>
```

语法 2：有标签体内容，标签体内容代表参数

```
<c: url value= " value"[context=" context"][var ="varName"]
[scope= " { page|request|session| application}"]>
```

<c:param>

</c:url>

<c:url> 标签属性见表 4-14。

表 4-14　<c:url> 标签属性

属性	描述	默认值	是否是必需的
value	需要格式化的 URL	无	是
context	用于得到不同 Context下的 URL地址，一旦出现该属性，必须以“/” 开头	无	否
var	存储 URL的变量名	无	否
charEncoding	URL的字符集	无	否
scope	变量名的作用范围	无	否

3.<c:redirect> 标签

<c:redirect> 标签的作用是将客户端请求从一个页面重定向到其他文件，和 response.setRedirect() 方法作用相同，其语法格式如下：

```
<c:redirect url="url"[context= "context"]/>   // 没有标签体内容
<c: param>                      // 标签体内容代表参数
</c:redirect>                    // 标签体内容代表参数
```

在 <c:redirect> 标签中存在 url 和 context 两个属性，其含义和 <c:url> 标签相同，前者为重定向的目标地址，是必须存在的属性；后者用于得到不同 Context 下的 URL 地址，不是必须存在的属性。例如：

```
<c:redirect url="/myHtml.html">
<c:param name="param" value= "value"/>
</c:redirect>
<c:redirect url="http: www.baidu.com"/>
```

4.<c:param> 标签

<c:param> 标签的作用是为包含或重定向的页面传递参数，共包括 2 个标签属性：一是 name，为传递的参数名，是必须存在的属性；二是 value，为传递的参数值，不是必须存在的属性。例如：

```
<c:redirect url="/myHtml.jsp">
<c: param name="userName" value="john"/>
</c:redirect>
```

第五章　JavaBean 技术和动作元素

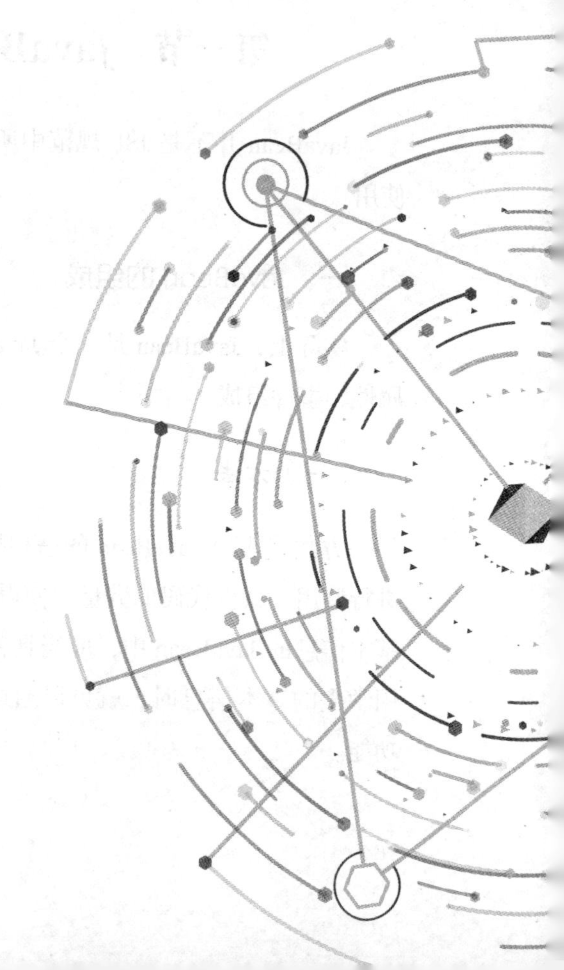

随着 JSP 技术的应用，开发人员可以直接在 HTML 文件中插入 JSP 标记或者 Java 代码，在提高项目开发效率的同时，也为代码维修和美工修改页面带来了极大的不便。由于开发页面代码的迅速膨胀，在 JSP 页面中可能包括大量 HTML 代码、Java 代码和 JSP 标记，这并不利于后期的维护。在这样的背景下，JavaBean 技术应运而生，可以解决上述问题。

JavaBean 在不影响功能的前提下，可以减少 JSP 页面中出现的 Java 代码数量，使得页面的程序更加简洁和高效。

第一节　JavaBean 的组成和属性

JavaBean 并不是 JSP 规范中所规定的内容，但在 Java Web 中被广泛使用。

一、JavaBean 的组成

实际上，JavaBean 是一个 Java 类，其组成和普通类相同，即由方法、属性、事件组成。

（一）方法

方法代表对 JavaBean 的一种操作，其作用是方便开发人员对该操作进行调用，减少代码的数量，使得页面代码更加简洁。例如，在包含学生基本信息的 JavaBean 中，应当具备对应的 setter()/getter() 方法，这样在调用学生的基本信息时，就可以通过对 JavaBean 进行操作，进而实现某种功能。

（二）属性

属性代表 JavaBean 的一些特性，包括颜色、字体等。根据 JavaBean 属性值的不同，可以将其分为消极属性和绑定（bound）属性。前者是指在自身的属性值改变时不发出任何动作，后者是指在属性值发生改变时会通知其他正在使用该 JavaBean 的程序。此外，还有一种限制 (constrained) 属性，该类型的属性值无法改变。

根据作用，可以将属性分为简单属性、索引属性等。其中，简单属性的组成比较简单，只包括一个数据，索引（indexed）由一组数据组成。需要注意的是，属性不一定是可见的，有可能是一个抽象的标志。

（三）事件

当有某种事件发生时，JavaBean 使用事件来通知其他 JavaBean 对象 (传递一个事件对象)。需要注意的是，开发人员也可以自定义事件。

在 JavaBean 组件中，可以登记一些监听者，当有事件发生时，可以将事件对象发送给所有该事件的监听者。通常发送的事件是 PropertyChangedEvent 类型。

二、JavaBean 的特性

JavaBean 需要遵循一些编码约定，具有以下特性。

（1）JavaBean 是公开的类。

（2）JavaBean 具备默认的构造方法，即不带参数的构造方法。

（3）JavaBean 提供 setter() 方法和 getter() 方法，有利于外部程序设置和获取 JavaBean 的属性。

（4）JavaBean 实现了 java.io.Serializable 接口或者 java.io.Externalizable 接口，以支持序列化。

因此，符合上述特性和条件的类，都可以将其看作一个 JavaBean。

在 JSP 页面中，不仅可以像使用普通类一样对 JavaBean 类的对象进行实例化，并调用 JavaBean 类对象的方法，而且可以借助 JSP 技术提供的动作元素对 JavaBean 进行访问，其代码如下：

```
public class Student implements java.io.Serializable {
/* 属性 */
private int stuNo;          // 学号
private String stuName;          // 学生姓名
private int stuAge;          // 学生年龄
private int classId;          // 所属班级的编号
/* 无参构造方法 */
public student(){}
/*getter() 和 setter() 方法 */
public int getstuNo() {
return stuNo;
}
public void setStuNo(int stuNo) {
this.stuNo = stuNo;
}
public string getStuName() {
return stuName;
}
public void setStuName(String stuName) {
this.stuName = stuName;
}
public int getstuAge() {
return stuAge;
}
```

```
public void setStuAge(int stuAge) {
this.stuAge = stuAge;
}
public int getclassId(){
return classId;
}
public void setclassId(int classId) {
this.classId = classId;
}
}
```

在上述示例中，Student 被看成简单的 JavaBean。从中可以看到，JavaBean 定义了四个属性（stuNo，stuName，stuAge，classId）并提供对应的方法，可以进行直接调用。

三、JavaBean 的属性

属性是 JavaBean 组件内部状态的抽象表示，外部程序可以通过属性对 JavaBean 组件的状态进行设置和获取。

（一）属性的命名

为方便外部程序获取 JavaBean 组件的属性，JavaBean 编写者必须遵循一定的命名方式。JavaBean 属性的命名方式比较简单，但需要注意以下几点：

（1）为每个属性添加 get 和 set 方法，其中属性名字的第一个字母大写，然后在名字前面相应地加上“get”和“set”，这样的属性是可读写的。

（2）如果一个属性只有 get 方法，那么该属性具有只读属性。

（3）如果一个属性只有 set 方法，那么该属性具有只写属性。

例如，一个 String 类型的 name 属性，其对应的方法如下：

```
public string getName()
public void setName(string name)
```

需要注意的是，实例变量和 JavaBean 属性并不是一个概念，也不是一一对应的关系。属性可以不必依赖任何实例变量而存在，两者是相互独立的。

例如：

```
private int price;
private double rate;
public double getPrice(){
return price*rate;
}
public string getInfo(){
return "He1lo";
}
```

其中，属性 price 是由实例变量 price 乘以 rate 得到的。实际上，属性是 set/get 后面的名字（将第一个字母小写），是实例变量更高层次的抽象。

（二）属性的类型

JavaBean 属性可以分为四种类型，在 JSP 中，支持 JavaBean 的简单属性和索引属性，因此这里主要介绍前两者。

1. 简单属性

简单属性就是接收单个值的属性，很容易进行编程，仅需要采用 setter/getter 命名约定即可。在前面的示例中，JavaBean 属性都是简单的属性。

2. 索引属性

索引属性是指获取和设置数组时所使用的属性。在应用索引属性时，需要提供两对 set/get 方法，其语法格式如下：

```
public PropertyType[ ] getPropertyName()
public void setPropertyName( PropertyType[] values)
public PropertyType getPropertyName(int index)
public void setPropertyName(int index,PropertyType value)
```

第二节 JavaBean 的作用域

每个 JavaBean 都有自己具体的作用域，在 JSP 中规定，JavaBean 对象可以使用四个作用域。四个作用域的范围依次增大，其作用范围、对应的对象以及对象的类型各不相同。

在 JavaBean 中，可以使用 <jsp:useBean> 动作的 scope 属性对 JavaBean 作用域进行设置。

一、page 作用域

在四个作用域之中，page 作用域的作用范围最小，其有效范围是用户请求访问的当前页面文件。

当用户端发出请求访问时，都会创建一个 JavaBean 对象，使用 <jsp:useBean> 动作的 scope 属性将作用域设置为 page，这样一旦用户执行当前页面结束，其 JavaBean 对象就会结束生命周期。

需要注意的是，在 page 作用域范围内，每次访问页面文件均会生成新的 JavaBean 对象，原有的 JavaBean 对象则会结束生命周期。

二、request 作用域

在四个作用域中，request 作用域的作用范围相对较大，其有效范围是从当前请求到服务器请求结束。

当创建 JavaBean 对象之后，该对象会存在于整个 request 的生命周期内。request 对象是一个内建对象，通过调用 getParameter() 方法可以获取表单中的数据信息。

三、session 作用域

session 作用域的作用范围相对较大，其有效范围是从打开浏览器开始到关闭浏览器为止。当作用域为 session 时，一旦创建 JavaBean 对象，则该对象就会存在于整个 session 的生命周期内。注意，每个 session 中拥有各自的 JavaBean 对象。

session 对象是一个内建对象，当用户应用浏览器访问网页时，就会创建代表该链接的 session 对象，而同一个 session 中的文件则会共享这个 JavaBean 对象。

当用户对应的 session 生命周期结束时，该 JavaBean 对象也会结束，当重新打开浏览器时，则会重新创建一个新的 session。

四、application 作用域

application 作用域不仅是作用范围最大的，也是 JavaBean 的生命周期最长的。

当 JavaBean 对象被创建后，如果其作用域为 application，就意味着同一主机或虚拟主机之中的文件均可以共享该对象。如果服务器不重新启动，该对象就会被一直存放在内存之中，并随时处理用户的请求，直至关闭服务器，才会释放该对象在内存中占用的资源。

需要注意的是，在 JavaBean 对象生命周期内，服务器并不会创建新

的 JavaBean 组件，而是创建源对象的一个同步复制，任何复制对象发生改变都会使源对象随之改变，不过这个改变不会影响其他已经存在的复制对象。

第三节　JavaBean 在 JSP 中的调用

在 JSP 页面中，可以访问 JavaBean，同时像使用普通类一样实例化 JavaBean 对象，并调用 JavaBean 对象的方法。最直接的方式是在 page 指令中引入 JavaBean，然后对其进行实例化并使用。同时，JSP 技术提供专门的动作元素对 JavaBean 进行操作，其调用方法如下。

一、<jsp:useBean>

<jsp:useBean> 的主要功能是装载一个 JavaBean，以便于其在 JSP 页面进行使用，可以充分发挥出 Java 组件重用的优势，并避免损失 JSP 的方便性，其语法格式如下：

```
<jsp:useBean id="name" scope="page|request|session|application"
class="className"
type="typeName"
beanName="beanName"
type="typeName"></jsp: useBean>
```

<jsp:useBean> 的属性和作用见表 5-1。

表 5-1　<jsp:useBean> 的属性和作用

名称	作用	注意
id	用于标识 JavaBean实例的名称，该名称同时是声明脚本变量的名称，并被初始化为 JavaBean实例的引用	指定的名字区分大小写，应当遵循 Java语言变量命名规则

续表

名称	作用	注意
scope	指定一个范围，在该范围内 JavaBean实例的引用具有可用性，其指定 JavaBean实例的作用范围	scope指定的范围就是前面章节介绍的作用域对象的范围，默认值是 page
calss	指定 JavaBean对象的完整的限定类名	
beanName	指定 Bean的名字，并将该名字提供给 java.beans.Beans类的 instantiate()方法，以实例化一个 JavaBean	要想更好地了解 beanName，可以参考 beanName规范
type	指定定义的脚本变量的类型，可以是 Bean类本身、它的父类或者由 Bean类实现的接口	默认值和 class属性的值一样

例如，假如要定义一个计算圆面积和周长的 JSP 页面，为了完成此功能，首先建立一个代表圆的 JavaBean: Circle.java，其次在 circle.jsp 中调用 circle，其代码如下。

Circle.java 的代码：

```
package com.sec.models;
/**
* 圆
*/
public class Circle implements java.io.Serializable {
double radius;    // 定义圆半径
public Circle(){
/* 获取圆半径 */
public double getRadius() {
return radius;
}
}
```

```
/* 设置圆半径 */
public void setRadius(double radius) {
this.radius = radius;
}
/* 获取圆面积 */
public double getcircleArea() {
return Math.PI*radius*radius;
}
/* 获取圆周长 */
public double getcircleLength() {
return 2.0*Math.PI*radius;
}
}
```

circle.jsp 的代码：

```
<@page language="java" contentType="text/html; charset=UTF-8"
pageEncoding="UTF-8"%>
<! DOCTYPE html PUBLIC "-//w3C//DTD HTML 4.01 Transitional//EN ">
<html>
<head>
<meta http-equiv="Content-Type" content="text/html; charset=UTF-8">
<title> 计算圆面积和周长 </title>
</head>
<body>
<jsp:useBean id="mycircle" class="com.sec.models.Circle" scope="page">
</jsp:useBean>
<%
double r = Double.parseDouble(request.getparameter("r"));
```

```
mycircle.setRadius(r);
%>
<p> 圆半径是 :<%=mycircle.getRadius()%></p>
<p> 圆面积是 :<%=mycircle.getcircleArea()%></p>
<p> 圆周长是 :<%=mycircle.getCircleLength()%></P>
</body>
</html>
```

运行 circle.jsp 文件，可以获得图 5-1 所示的效果。

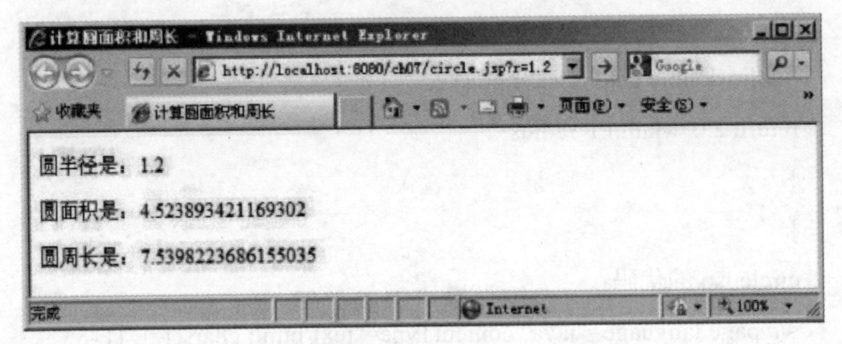

图 5-1　使用 <jsp:useBean> 的效果

在上述代码中，<jsp:useBean> 的执行过程如下：

首先，根据 class 属性指定的类型定义一个局部变量 mycircle(id 属性值)，并初始为 null。

其次，在指定的 scope 中查找名为 mycircle 的 JavaBean 实例。

最后，如果找到上述 JavaBean 实例，则将其强制转换为 class 属性指定的类型并将其引用指向 mycircle 变量。否则，实例化一个 class 属性指定类型的对象，并将对象的引用指向 mycircle 变量，然后将对象以名称 “mycircle” 存入 scope 指定的作用域。

二、<jsp:setProperty>

<jsp:setProperty> 的主要作用是设置已经创建的 Bean 实例的属性值，

通常和 <jsp:useBean> 一起使用，其语法格式如下：

<jsp:setProperty name="beanName" property="propertyName"

[param ="parameterName" / value="propertyvalue"]/>

其中，“[]”中的部分表示可选。<jsp:setProperty> 的属性见表 5-2。

表 5-2　<jsp:setProperty> 的属性

名称	作用	注意
name	表示实例的名字，应当包含可写（具有 set 方法）的属性	必须是在 <jsp:useBean>元素中通过 id属性定义的名字
property	待设置 Bean属性的名字，如果属性值是“*”，标签则会在请求对象中查找所有的请求参数，并找到和 Bean属性名相同的参数，按照正确的类型将参数的值设置为属性的值	如果请求对象的参数中有空值或某个属性在请求对象中没有对应参数，则保持原有的属性值
param	指定请求对象中参数的名字，并使用 param指定请求参数的值，设定 Bean中的属性值，属性由 property指定	如果省略 param属性，仅指定 property，则认为请求参数的名字和 Bean属性的名字相同
value	使用指定的值设定 Bean的属性	可以为字符串，也可以为表达式

例如，使用 <jsp:setProperty> 设置圆半径的值，其代码如下：

<jsp:setProperty name="mycircle" property="radius" param="r"/>

<jsp:setProperty name="mycircle" property="radius" value="100"/>

若请求参数的名称不是 "r"，而是 "radius"，那么也可以使用如下两种方式设置圆半径的属性值：

<jsp: setProperty name= "mycircle" property= "*"/>

或者

<jsp:setProperty name="mycircle" property="radius "/>

三、<jsp:getProperty>

<jsp:getProperty> 的主要作用是访问一个 Bean 的属性，并将该属性

的值转化为字符串（String），将之发送到输出流中，其语法格式如下：

```
<jsp:getProperty name="beanName" property="propertyName" />
```

其中，name 指定某 JSP 作用域的一个 Bean 名字，property 指要得到的属性名字。需要注意的是，Bean 的实例必须包含可读属性，即需要具有 get 方法。

例如，使用 JSP 动作完成 JavaBean 属性的存取操作，其代码如下：

```
<head>
<meta http-equiv="Content-Type" content="text/html; charset=UTF-8">
<title> 计算圆的面积和周长 </title>
</head>
<body>
<jsp:useBean id="mycircle" class="com.sec.models.Circle" scope="page">
</jsp:useBean>
<jsp:setProperty name="mycircle" property=""radius" param="r" />
<p> 圆半径是 :<jsp:getProperty name="mycircle" property="radius"/></p>
<p> 圆面积是 :<jsp:getProperty name="mycircle" property="circleArea" />
</p>
<p> 圆 周 长 是 :<jsp:getProperty name="mycircle" property=
"circleLength" /></p>
</body>
</html>
```

第六章　MVC 架构模式

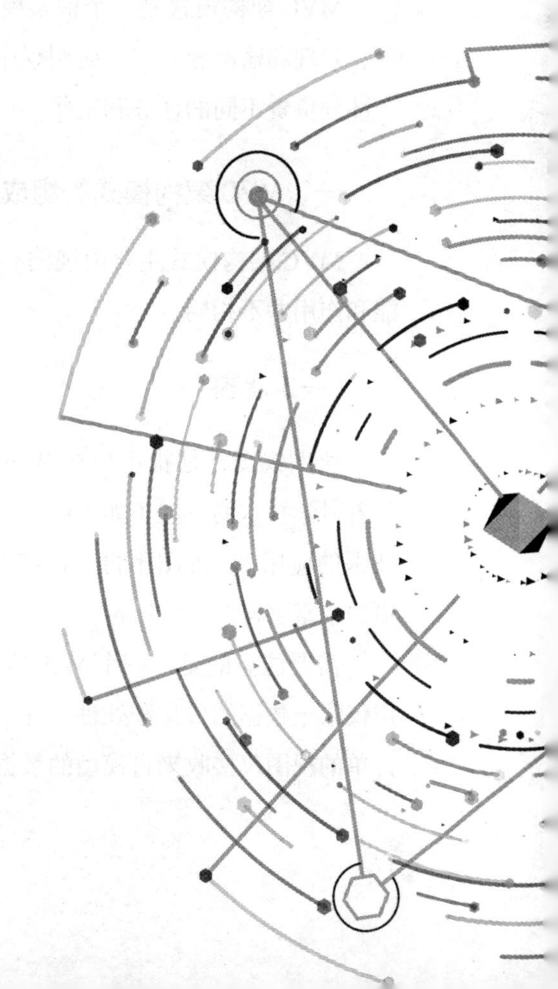

在推广 Java Web 应用开发时，Sun 公司提出两个不同的开发架构模式：一是 JSP Model 1；二是 JSP Model 2。

本章主要介绍 MVC 架构模式的组成和优缺点，同时介绍应用两种开发架构模式开发应用程序的案例，在此基础上对 MVC 两种架构模式进行分析，旨在帮助开发人员全面区分和掌握 MVC 架构模型。

第一节　MVC 架构模式的优缺点

MVC 架构模式是一个框架模式，其作用为强制性地使应用程序的输入、处理和输出分开，将应用程序分为模型、视图和控制器三个部分，每个部分负责不同的任务和工作。

一、MVC 架构模式的组成

MVC 架构模式主要由视图、模型和控制器三部分组成，每部分的功能和作用并不相同。

（一）视图

所谓视图，是指用户在 Web 浏览器中看到并与之进行交互的界面。随着科学技术的发展（如 XHTML、WML 、XML/XSL、Adobe Flash 等新技术的应用），视图不再是由各类 HTML 元素组成的界面，其内容变得更加丰富多样。

需要注意的是，一个 Web 应用可以具有很多不同的视图，视图的作用仅限于数据的采集和处理，并不包括处理视图的业务流程。例如，一个订单的视图仅接收来自模型的数据并显示给用户，同时将用户界面的输入数据和请求传递给模型和控制。

（二）模型

所谓模型，是指 Web 浏览器中业务流程 / 状态的处理和业务规则的制定。对视图层和控制器层而言，无法看到业务流程的处理过程，也就是说模型层的操作相当于黑箱操作。因此，模型的设计是 MVC 的核心。

同时，数据模型是重要的模型之一，其主要将实体对象的数据保存（持久化），可以提高业务流程处理效率。例如，将一张订单保存到数据库中，如果需要从数据库中获取该订单，则可以将此模型单独列出，将数据库的相关操作限制在该模型之中。

（三）控制器

控制器的主要作用是接收用户的输入信息并调用模型和视图，进而完成用户的请求，其本身不输出任何东西和做任何处理。也就是说，控制器只是接收请求并决定调用哪个模型处理请求，同时负责决定用哪个视图显示返回的数据。

简单来说，控制器相当于一个分发器。当用户单击某个链接时，控制器就开始接收相关请求，并不对请求进行处理，而是将用户的信息传递给模型，经过模型处理之后，控制器将会选择符合要求的视图返回给用户。因此，模型和视图并非一一对应的关系，一个模型可以对应多个视图，而一个视图也可以对应多个模型。

综上所述，模型、视图和控制器的分析，使得一个模型可以具有多个显示视图，一旦用户通过控制器对模型的数据进行改变，则依赖于这些数据的视图均会发生改变，模型、视图、控制器和数据库之间的交互关系如图 6–1 所示。

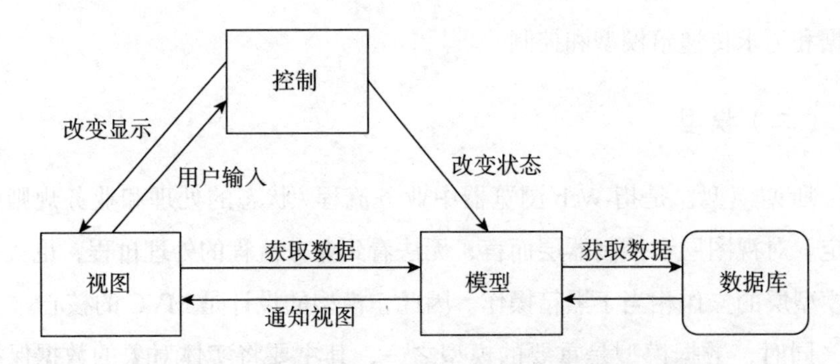

图 6-1　模型、视图、控制器和数据库的交互关系

其中，视图中用户的输入数据会激活控制器，随后模型会根据业务逻辑从数据库中提取或写入数据并通知视图，最后视图从模型中获取新的数据并更新显示。

二、MVC 架构模式的优点

在 MVC 架构模式中，视图、模型、控制器三个部分各司其职，如果哪个部分的需求发生变化，则仅需要更改对应部分的代码即可，并不会对其他部分的代码造成影响。因此，MVC 架构模式的关键在于视图和模型的分离，其优点主要体现为以下几点。

首先，MVC 架构模式为多视图表示，也就是同一个模型可以提供多个视图的表现形式。需要注意的是，模型的数据一旦发生变化，便会通知有关的视图，每个视图则会相应进行更新。

其次，在 MVC 架构模式之中，模型可以进行复用。这是因为模型和视图是互相独立的，因此可以将一个模型独立移植到新的平台之上进行工作，具有极大的便捷性。

最后，应用 MVC 架构模式可以提高开发效率，在进行界面设计时，只需要考虑用户界面的布局，而不需要考虑模型和控制。同时，在开发模型时，只需要考虑业务逻辑和数据维护等，并不需要顾及界面布局，有助于开发人员专注于某一方面的开发。因此，MVC 架构模式可以更好地实现开发中的分工，即网页设计人员和美工负责视图部分的开发，而 Java 程序员则负责模型和控制器代码的开发和编写。

三、MVC 架构模式的缺点

MVC 架构模式固然有很多优势，但亦不能忽视其缺点和弊端，其主要体现在以下几方面。

首先，应用程序使用 MVC 架构模式之后，系统结构相对变得更加复杂，对开发人员的技术水平有着较高的要求。同时，简单的界面亦严格遵循 MVC 架构模式的结构和层次，而这有时会产生更多更新操作，增加结构的复杂性，降低运行效率。

其次，由于在 MVC 架构模式中模型和视图是分离的，视图需要多次调用才能获得足够的显示数据，因此为调试代码增加了部分难度，使得调试代码更加困难。不仅如此，如果没有控制器的存在，视图的应用是很有限的，两者之间的独立重用相对较低。

综上所述，MVC 架构模式提高了程序的可移植性、可维护性、可扩展性以及可重用性，降低了程序的开发难度，尽管存在一定的缺点，但并不能遮掩其独特的优势，有着光明的前景和未来。

第二节　JSP Model 1 体系结构

JSP Model 1 体系结构是 MVC 架构模式的主要形式之一。在该体系结构中，每一个请求的目标都是 JSP 页面，最后响应结果也是由 JSP 页面发送给用户。同时，在该结构体系中所有的业务处理都是由 JavaBean 实现的，没有核心组件控制应用程序的工作流程，体系结构相对简单。

一、JSP Model 1 体系结构简介

为更好地指导 Web 开发的架构设计，Sun 公司在推广 Java Web 时提

出两个不同的开发架构模式，即 JSP Model 1 和 JSP Model 2。

其中，JSP Model 1 的架构主要使用 JSP 和 JavaBean 技术进行开发，JSP 页面不仅包含具有输出效果的 CSS 和 HTML 代码，而且包括表示业务逻辑的 Java 代码；JavaBean 则封装部分业务逻辑的代码和对数据库的操作代码，其体系结构如图 6-2 所示。

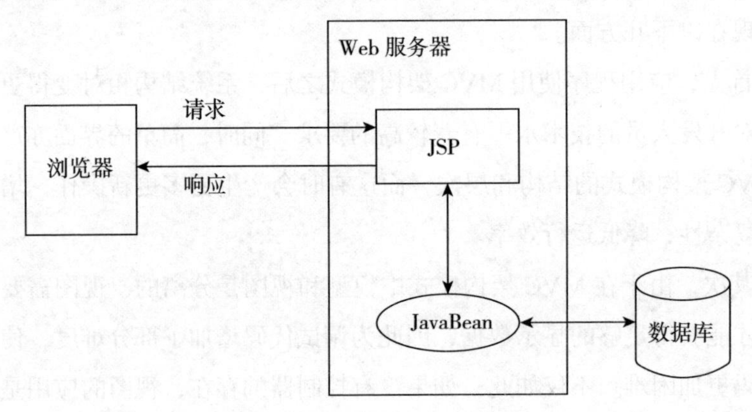

图 6-2　JSP Model 1 的体系结构

从图 6-2 中可以看到 JSP Model 1 体系结构的大致工作原理：首先，用户通过浏览器调用 Web 应用程序的 JSP 页面，并发送相应的 request 请求。其次，JSP 页面接收浏览器发来的请求之后，调用 JavaBean 对象的方法从数据库中读取数据。最后，JSP 页面将读取的数据返回给浏览器，并在浏览器中显示相应的信息，满足用户的信息需求。

二、JSP Model 1 体系结构的应用

为更好地了解 JSP Model 1 的体系结构，下面应用 JSP Model 1 的体系结构编写用户登录验证的程序，以帮助开发人员全面掌握 JSP Model 1 体系结构的用法。

（一）建立数据库

在编写用户登录验证程序时，需要建立一个数据库 UserDB，该数

据库包含用户信息表，被命名为 UserInfo。UserInfo 包括两个字段名称：一是用户姓名（userName），数据类型为 varchar（20）；二是用户密码（userPwd），数据类型为 varchar（20）。

（二）编写 JavaBean 类

在用户登录验证程序中，需要建立两个 JavaBean 类：一是 ConnBean.java 类，其封装着获取数据库链接和关闭数据库链接的方法；二是 User.java 类，其封装着用户的信息，并提供验证用户信息的方法。

1.User.java 代码

```
package com.sec.bean;
import java.sql.Connection;
import java.sql. PreparedStatement;
import java.sql.Resultset;
import com.sec.conn.ConnBean;
// 创建用户 Bean
public class user {
private String userName;
private String userPass;
public string getUserName() {
return userName;
}
public void setUserName(String userName) {
this.userName = userName;
}
public string getUserPass() {
return userPass;
```

```
}
public void setUserPass(String userPass) {
this.userPass = userPass;
}
public boolean isValidate(){
//查询字符串
string sql = "select * from UserInfo where userName=? and userPwd=?" ;
Connection conn = null;
PreparedStatement pstmt = null;
ResultSet rs = null;
try {
conn = ConnBean.getconn();
pstmt = conn. prepareStatement(sql);
pstmt.setstring( 1,this.userName);
pstmt.setString(2,this.userPass);
rs = pstmt.executeQuery();     //执行查询
if(rs.next()){
return true;
}
}catch (Exception e) {
e.printStackTrace();
} finally{
//关闭资源
ConnBean.closeDB(rs,pstmt,conn) ;
}
return false;
}
```

```
}
```

在上述代码中，isValidate() 方法的作用是验证用户名和密码，如果返回值为 true，则说明验证成功，否则验证失败。可以看到，登录验证功能的业务逻辑主要在这个 Bean 中完成。

2.ConnBean.java 代码

```
package com.sec.conn;
import java.sql.Connection;
import java.sql.PreparedStatement;
import java.sql.DriverManager;
import java.sql.Resultset;
import java.sq1.SQLException;
// 创建数据库链接工具类
public class ConnBean {
private static final string CLASS_NAME = "com.mysql.jdbc.Driver" ;
private static final string CONN_STRING = "jdbc:mysql: //localhost:
3306";
databaseName="UserDB";
private static final String USER = "root";
private static final String PASS = "123456";
// 获取数据库链接对象
public static Connection getConn(){
Connection conn = null;
try {
Class.forName(CLASS_NAME);// 加载驱动
}catch (classNotFoundException e) {
e.printStackTrace();
```

```
}
try i
// 获取链接
conn = DriverManager.getConnection(CONN_STRING, USER,PASS);
}catch (SQLException e) {
e.printStackTrace();
}
return conn;
}
// 关闭数据库链接等资源
public static void closeDB(ResultSet rs,PreparedStatement pstmt,
connection conn){
try {
if(rs != null){
rs.close();
}
if(pstmt != null){
pstmt.close();
}
if(conn != null){
conn.close();// 关闭链接
}catch (SQLException e) {
e.printStackTrace();
}
}
}
```

（三）编写 JSP 页面

除了上述两个类之外，在该应用程序中还应当编写 3 个 JSP 页面：一是 login.jsp 页面，即在浏览器中显示登录的页面；二是 validate.jsp 页面，其功能是获取用户提交的表单参数并进行验证；三是 index.jsp 页面，其主要功能是显示用户登录的欢迎信息。三个 JSP 页面代码均位于 WebRoot 目录下。

1.login.jsp

```
<%@page language="java" contentType="text/html; charset=UTF-8"
pageEncoding="UTF-8"%>
< ! DOCTYPE html PUBLIC "-//w3C//DTD HTML 4.01 Transitiona1//
EN"
"http ://www . w3. org/TR/htm14/loose.dtd">
<html>
<head>
<meta http-equiv="Content-Type"
content="text/html; charset=UTF-8">
<title> 用户登录 </title>
</head>
<body>
<form action="validate.jsp" method="post">
<%
String userName = request.getParameter("userName" );
if (userName == null) {
userName = "";}
else {
```

```
out.println("<span style='color:#f00; '>* 用户名或密码错误 !
</ span>" );
}
%>
<p>
用户名 : <input type="text" name="userName"
value="<%=userName%>"/>
密码 :<input type="password" name="userPass" />
<input type="submit" value=" 登录 "/>
</p>
</form>
</ body>
</html>
```

在上述代码中，通过 HTML 语言和 CSS 标记设置用户登录页面的格式和文本，开发人员可以通过修改相关数据设置页面的文本和格式等。

2.validate.jsp

```
<@page language="java" contentType="text/ html; charset=UTF-8"
pageEncoding="UTF-8"%>
<%-- 实例化 User --%>
<jsp: useBean id="user" class="com.sec.bean.User" scope="page">
</jsp: useBean>
<%-- 设置 user 对象的属性 --%>
<jsp:setProperty property="*" name="user"/>
<%
// 调用 isvalidate() 方法查询数据库，验证用户登录信息
if(user.isvalidate()){
```

```
session.setAttribute("user" ,user);// 如验证通过，将用户信息存放在 Session 中
%>
<%-- 登录成功，转向 index.jsp --%>
<jsp:forward page="index.jsp"></jsp:forward>
<%
}else{        // 登录失败，重定向至登录页面
response.sendRedirect( "login.jsp?userName="+user.getUserName());
}
%>
```

在上述代码中，首先，通过应用 <jsp:useBean> 动作元素创建 User 对象，并设定该对象的作用范围（在 page 范围内可用）。其次，调用 <jsp:setProperty> 设置 user 对象的属性，同时调用 isValidate() 方法对 user 对象的用户名和密码加以验证。最后，通过 <jsp:forward> 动作元素进行设置。如果通过验证，则将请求发送给 index.jsp 页面；如果没能通过验证，则返回给登录页面。总的来说，JSP 技术较好地实现了验证用户提交的表单参数。

3.index.jsp

```
<@page language="java" import=" com.sec.bean.*"
pageEncoding="UTF-8"%>
< ! DOCTYPE HTML PUBLIC "-//W3C//DTD HTML 4.01 Transitional//
EN">
<html>
<head>
<title> 系统首页 </title>
</head>
<body>
<%
```

```
// 从 session 中获取存储的 user 对象
User user = (User)session.getAttribute( "user" );
// 打印欢迎信息
out.print("<h2>"+user.getUserName()+", 欢迎您！您已成功登录 </h2>");
%>
</body>
</html>
```

在上述代码中，一旦用户名和密码通过验证，则会跳转到欢迎页面，显示出“欢迎您！您已成功登录”的文字。当然，开发人员还可以通过修改 HTML 代码显示不同的文本信息。

从上述代码和测试结果来看，在 JSP 页面中存在流程控制和调用 JavaBean 的代码，其扮演着多重角色，功能并不单一。如果开发大型的应用程序，需要处理的业务逻辑相对复杂，Java 代码量非常大且非常复杂，那么使用 JSP Model 1 体系结构将会十分烦琐，大量的嵌入代码将会使得前端设计人员感到棘手和困难。

综上所述，Model 1 模型比较简单，不涉及过多的要素，可以很好地满足小型应用的开发，但不能满足复杂的、大型的应用程序开发的需求。因此，在开发应用程序时，不能随意运用和选择 JSP Model 1 体系结构，否则会导致 JSP 页面中具有大量 Java 代码，不利于程序的运行和维护。

第三节　JSP Model 2 体系结构

JSP Model 2 体系结构是应用较为广泛的 MVC 架构模式之一，在这种体系结构中，所有请求的目标都通过 Servlet 完成：Servlet 分析请求并将响应需要的数据收集到 JavaBean 对象中，将 JavaBean 对象作为应用程序的模型，最后 Servlet 控制器将请求转发到 JSP 页面。

一、JSP Model 2 体系结构简介

JSP Model 2 体系结构使用 JSP、Servlet 以及 JavaBean 技术进行应用程序的开发，实现动态内容服务。它结合两种技术的突出优点，清晰表达和处理内容，明确网页设计者和程序开发人员的分工，使得开发工作更加具有效率。其体系结构如图 6-3 所示。

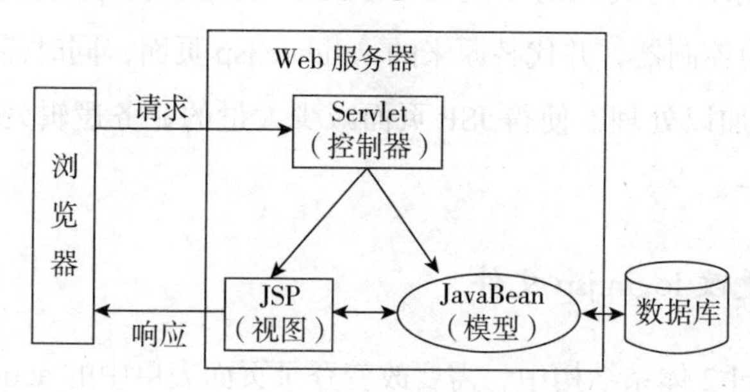

图 6-3　JSP Model 2 的体系结构

从 JSP Model 2 的体系结构中可以看出，该体系结构更加符合 MVC 架构模式的模型—视图—控制器设计结构，其将部分逻辑处理代码和流程控制代码加以整合，并将其放入控制器的角色，应用 Servlet 完成任务；将页面输出效果代码加以整合，将其放入视图的角色，应用 JSP 生成表示层的内容；将代表应用程序的数据和用于访问控制这些数据的业务规则加以整合，将其放入模型角色，应用 JavaBean 完成对模型的处理。需要注意的是，JSP 页面并不包括处理逻辑的代码，仅负责检索 Servlet 创建的对象和 JavaBean，提取动态内容并插入静态模板。

总之，在 JSP Model 2 的体系结构中，Servelt，JSP，JavaBean 分别充当控制器、视图和模型的角色，三者相互协作和配合，有效地提高了应用程序的开发效率和水平。

二、JSP Model 2 体系结构的应用

为更好地了解 JSP Model 2 的体系结构，下面应用 JSP Model 2 的

体系结构重新编写用户登录验证的程序，以帮助开发人员全面掌握 JSP Model 2 体系结构的用法。

在应用 JSP Model 2 体系结构编写应用程序时，同样需要创建数据库、编写两个 JavaBean 类（ConnBean.java 类和 User.java 类），其代码和应用 JSP Model 1 体系结构时编写的程序相同，这里不再赘述。

两种体系结构最大的不同在于，JSP Model 2 体系结构新增了一个 Servlet，作为控制器，并代替原来的 validate.jsp 页面，同时需要使表单提交至 Servlet 加以处理，使得 JSP 页面减少大量的业务逻辑处理代码，其功能更加单一。

（一）更改 login.jsp 文件

在 Model 2 体系结构中，需要改变登录页面表单中的 action 属性，进而改变表单提交位置，即将表单提交至 Servlet，其代码如下：

```
<%@page language="java" contentType="text/html; charset=UTF-8"
pageEncoding="UTF-8"%>
<!DOCTYPE html PUBLIC "-//w3C//DTD HTAL 4.01 Transitiona1//
EN" >
<html>
<head>
<meta http-equiv="Content-Type" content="text/html; charset=UTF-8">
<title> 用户登录 </title>
</head>
<body>
<form action="servlet/validateServlet" method="post">
<%
String userName = request.getParameter("userName");
if (userName == null) {
```

```
userName = "";
}else {
out.println("<span style= 'color :#f00; '>* 用户名或密码错误！
</span>");
}
%>
<p>
用户名 : <input type="text" name="userName"
        value="<%=userName%>"/>
密码 : <input type="password" name="userPass" />
<input type="submit" value=" 登录 "/>
</p>
</form>
</body>
< /html>
```

上述代码修改了 Form 的 action 属性，将其指向 validateServlet，进而减少了业务处理的逻辑代码，使得整个页面的代码更加清晰明了，其功能更加单一，有利于网页设计人员进行修改和维护。

（二）编写 ValidateServlet.java 文件

```
package com.sec.servlet;
import java.io.IOException;
import javax.servlet.ServletException;
import javax.servlet.http.HttpServlet;
import javax.servlet.http.HttpServletRequest;
import javax.servlet.http.HttpServletResponse;
import com.sec.bean. User;
```

```
// 控制器
public class ValidateServlet extends HttpServlet {
public validateServlet() {
super();
}
// 销毁
public void destroy() {
super.destroy();
}
// 处理 get 方式请求
public void doGet(HttpServletRequest request, HttpServletResponse
response)
throws ServletException，IOException {
doPost(request,response);
}
// 处理 post 方式请求
public void doPost(HttpServletRequest request，HttpServletResponse
response) throws ServletException，IOException {
// 设置请求内容字符编码
request.setCharacterEncoding("UTF-8");
// 获取参数
String userName = request.getParameter( "userName") ;
String userPass = request.getParameter( "userPass");
// 实例 User
user user = new User();
user.setUserName(userName) ;
user.setUserPass(userPass);
```

```
// 进行登录验证
if(user.isValidate()){
// 将用户对象存入 session
request.getSession() .setAttribute( "user",user);
// 验证成功，内部跳转到系统首页
request.getRequestDispatcher(" ../index.jsp").forward(request,
response);
}else{
// 登录失败后，重定向至登录页面
response.sendRedirect( " ../ login.jsp?userName="+userName) ;
}
}
// 初始化
public void init() throws ServletException {
}
}
```

从上述代码和测试结果来看，ValidateServlet 接收用户登录的信息，并调用 JavaBean 组件对用户登录信息进行验证，同时根据验证结果调用不同的 JSP 页面返回给客户端，相当于控制器的角色。

实际上，运用 JSP Model 1 体系结构和运用 JSP Model 2 体系结构进行开发时，该应用程序的运行效果相同。不同的是，在 JSP Model 2 体系结构中，JSP 负责显示页面和数据，Servlet 负责控制流程，JavaBean 负责处理业务逻辑和承载数据，其分工十分明确，可以清晰区分三者的功能和价值，更加容易维护和扩展应用程序。因此，在开发大型项目时，企业和公司更加青睐 JSP Model 2 体系结构，因为它便于前端网页设计人员和后端 Java 开发人员分别进行工作，做到各尽所能。

第七章　Java Web 技术的应用和发展趋势

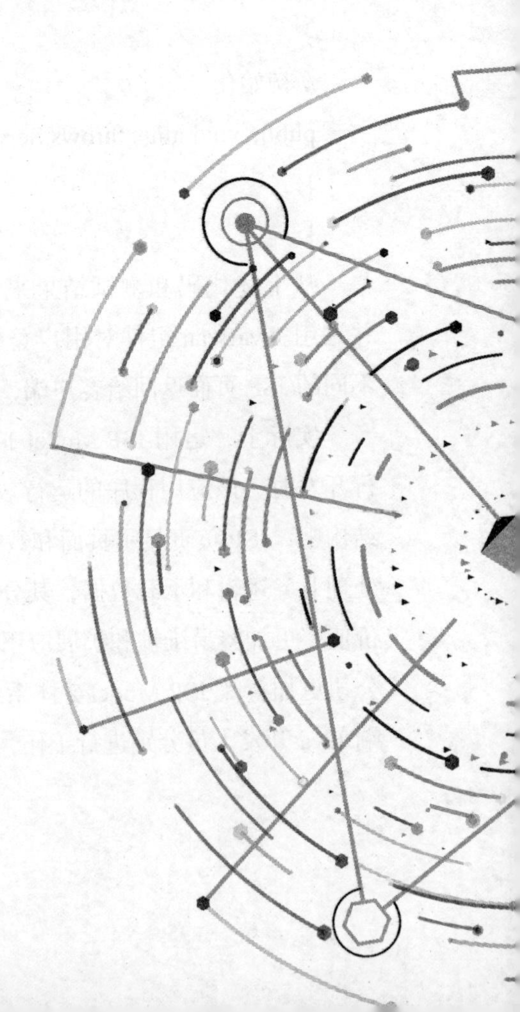

随着科学技术的飞速发展，各种新的平台、编译器、编程语言层出不穷，Java Web 技术也将发生很大的变化。

本章主要介绍 Java Web 技术的应用领域和发展趋势，包括 Java Web 技术的在前端开发和后端开发中的应用，在此基础上分析 Java Web 技术的发展前景。

第一节　Java Web 技术的应用领域

Java Web 技术的应用领域十分广泛，尤其是在网站开发、网页设计等方面体现得尤为明显。不仅如此，Java Web 技术还可以开发和设计多种管理系统，使得管理系统的开发变得更加便捷。

一、Java Web 技术在前端开发中的应用

一个完整的 Web 开发需要经历诸多步骤，包括需求分析、整体设计、程序开发（前端开发和后端开发）、模块和页面分析、测试和上线等。其中，前端开发是 Web 开发中的一个重要步骤，而 Java Web 技术在其中起着非常重要的作用，主要体现在以下几个方面（图 7-1）。

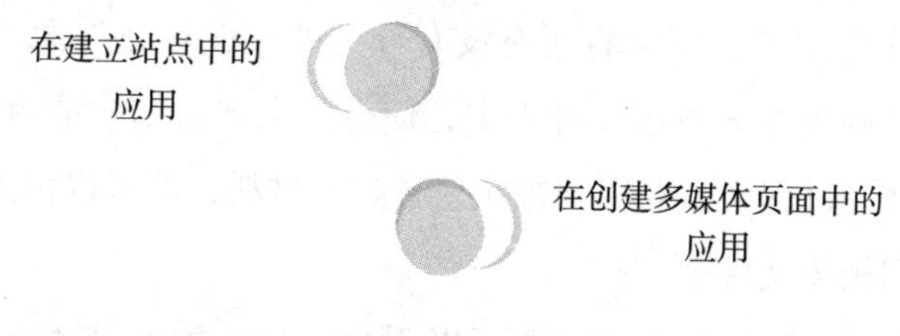

图 7-1　Java Web 技术在前端开发中的应用

（一）Java Web 在建立站点中的应用

所谓站点，就是存放 Web 应用程序的位置，本地站点通常是一个文件夹，其目录结构应当遵循约定优于配置原则，即通过约定代码结构或命名规范以减少配置数量。

Web 应用程序通常由脚本文件、HTML 文件和某些资源文件组成，为便于对这些资源进行管理，往往会将一个 Web 项目中的所有文件放在一个文件夹之中，并按照类别进行管理和存放，其组织项目目录结构如下：

Web（站点文件夹名称）

css（文件夹，存放后缀为 .css 的文件）

main.css

result.css

img（文件夹，存放项目中所有的图像文件）

js（文件夹，存在后缀为 .js 的脚本文件）

main.js

Jquery.min.js

index.html（首页）

login.html（登录页面）

……

需要注意的是，可以将所有没有分类的页面放在外面，而其他配置文件和素材则放在各自的文件夹中，使得整个项目结构清晰明了。当然，如果项目开发过程中需要用到视频、音频等材料，就可以再添加相应的文件夹并存到相关文件中。

由上述构建站点的过程中可以看出，Java Web 技术在其中起着不可缺少的重要作用：不仅需要使用 CSS 设计网页的风格，还需要使用 HTML 语言对网站首页和登录页面等进行设计和开发。当然，在构建站点时，还离不开 JavaScript 和 JSP 技术的帮助：需要运用这些技术对脚本文件进行编写和设计，以更好地实现脚本文件的功能。

（二）Java Web 在创建多媒体页面中的应用

在现在的网页中，不仅存在美观的文本、结构等，而且存在很多多媒体素材，如视频、音频、动画、图像等，这些多媒体素材并不能像文本一样写到 HTML 文件中，通常是以路径引入的方式链接到 HTML 中。在这一过程中，需要借助 Java Web 技术进行整合。

首先，图像在网页中的呈现方式通常有两种，即插入图像和背景图片。其中，插入图像是现在网页采用较为广泛的方式。在这一过程中，通常需要使用 HTML 标签进行插入。如果采用的是背景图片，则需要将图片路径写在 CSS 代码中。无论采用哪种方式，都需要借助 Java Web 中的静态网页的方法加以开发。

其次，要想在网页中呈现动画效果，即实现元素移动、旋转和缩放等效果，则需要借助 Java Web 中的 JavaScript。

最后，要想在网页中添加视频、音频或其他媒体文件，则需要借助 HTML5 提供的可以直接使用的媒体标签。

综上所述，在创建多媒体页面时，离不开 Java Web 的编程语言、HTML 标签以及 JavaScript 等基础技术。

（三）Java Web 在创建列表页面中的应用

列表是网页中常用的一种数据排列方式，经常可以在网页中看到各种列表的身影。网页中列表页面的创建并不简单，并不是在网页中插入表格就可以了，而是需要设计人员使用 HTML 中的列表标签加以设计。

首先，如果在网页中需要设计有序列表页面，就需要使用 HTML 中的有序列表标签，即 <ol> 标签和 </ol> 标签。

其次，当在网页中插入列表时，需要使用 CSS 样式对列表的样式进行设计，包括使用 list-style-image 把自己喜欢的图片设置为列表项符号。

在浏览网页时，通常在网页顶部右边有三个选项，分别是加入收藏、设为首页、联系我们，其字体颜色为灰色，当鼠标移动到上面时即变为红色。实际上，这就是简单的列表页面，其 HTML 代码和 CSS 代码如下：

HTML 代码：

```
<ul>
<li><a href="#"> 联系我们 </a></li>
<li><a href="#"> 设为首页 </a></li>
<li><a href="#"> 加入收藏 </a></li>
</ul>
```

CSS 代码：

```
{
margin: 0;
padding: 0;
border: 0;
}
ul{
list-style-type: none;
height:20px;
margin-right: 20px;
}
li {
float: right;
margin: 3px 0;
font-size: 14px;
text-align: center;
```

```
padding: 0px 5px;
border-right: 1px solid #CCC;
}
ul>li:first-child{
border: none;
}
a: link, a:visited{
color:#AAA;
text-decoration: none;
}
a:hover, a:active {
color: #C00;
text-decoration: none;
}
```

综上所述，可以看到，在创建列表页面时，需要使用 HTML 语言和 CSS 等 Java Web 的基础技术。

二、基于 Java Web 的管理系统设计与实现

除了设计网站和网页，Java Web 技术还可以开发出相关的管理系统，其开发过程更加简便。

对管理系统而言，其需要具备的功能多样，不仅需要支持不同身份、权限的人员对数据进行增加、删除、修改、查询等操作，而且需要搭建便捷的数据统计平台，最终实现高效地管理相关数据的目的。在这一过程中，可以使用 Java Web 技术进行开发和设计，进而解决管理系统浏览器不兼容、运行速度缓慢、权限分配不合理等问题。

（一）应用 Java Web 的 MVC 架构模式开发管理系统

在实际的应用中，很多管理系统都是以 MVC 架构模式和 B/S 架构模式进行开发的，这和 Java Web 技术的开发模式不谋而合。因此，可以采用 MVC 架构模式设计相关管理系统。

Java Web 技术中的 MVC 模式将视图、控制器和模型做了层次分离，使得管理系统的层次更加分明。例如，在开发管理系统时，需要将数据信息进行可视化，则可以根据 MVC 架构模式将之进行有效分割，提高开发效率和水平。

（二）应用 Java Web 的编程语言开发管理系统

在应用 Java Web 技术开发管理系统时，采用的编程语言通常是 Java，该语言具有稳定，动态，“一次编写，处处运行”等优点。同时，使用 Java 编写的程序可以跨平台运行，便于开发人员进行编写和调试。

不仅如此，管理系统的实现并不仅仅依赖于 Java 语言，更涵盖了多种开发语言，尤其是需要以 Web 技术中的 HTML 语言为依托，在异构环境中实现数据共享，因此更加需要借助 Java Web 的开发语言。

（三）应用 Java Web 的开发工具开发管理系统

在应用 Java Web 技术开发管理系统时，可以借助 IDEA（Java 语言开发的集成环境）或者 Eclipse 开发工具进行设计开发，对大量数据进行处理，从而更好地开发管理系统。

在开发管理系统时，往往需要对大量数据加以统计和管理，如果采用传统的方式（如 Word 软件等），效率难免比较低下。此时，可以借助 IDEA 或者 Eclipse，对上述数据进行管理和设计，提高管理系统的开发效率。

综上所述，Java Web 技术是根据人们的需要，解决人们工作和生活中问题，提升网站建设效率和水平的重要技术。Java Web 技术可以改变传统的设计方式，采用新的技术和方法构建网站平台，使之更加简洁，结构更加完善，提高应用程序的开发效率和水平。

第二节 Java Web 技术的发展趋势

Web 资源可以分为两类：一是静态 Web 资源（如 HTML 页面），在人们浏览数据或信息的过程中，其页面始终保持不变，通常使用 HTML，CSS 进行开发；二是动态 Web 资源，是指 Web 页面中供用户浏览的信息是由程序产生的，在不同的时间访问，其内容是不同的，通常使用 JavaScript，JSP/Servlet，ASP，PHP 等技术加以开发，统称为 Java Web。

一、和大数据技术的结合

随着 Web 技术的不断发展和革新，用户越来越倾向于自身主导信息的生产和传播，希望和服务器或应用程序有更好的交互，以满足自身的信息需求。简单来说，Web 的发展趋势是提升用户使用互联网的体验，更好地为用户提供个性化的信息。

与此同时，大数据技术在各行各业初显身手，得到业界人士的广泛喜爱，其主要优点是为用户提供个性化、有针对性的服务，这与 Web 行业的发展不谋而合。因此，可以将 Java Web 技术和大数据技术加以融合和结合，为用户打造更加贴心的互联网服务。可以说，大数据技术和 Java Web 技术的结合成为未来开发 Web 应用程序的必然趋势。

（一）大数据技术的概念

大数据在商业、物流、通信、医疗、交通、能源等众多行业领域得到了广泛应用，并取得了一定的成效。目前，大数据热潮席卷而来，世界各国均在加快大数据的战略布局，以抢占新一轮科技革命的制高点。

对于大数据的概念，学者和研究机构都有自己不同的理解。

有的学者认为，大数据是对数据概念的延伸和扩展，其本质仍为数据，是数量巨大的数据，和传统数据的区别在于规模巨大。例如，刘建明学者认为，大数据在某种程度上相当于信息爆炸，是浩瀚资料、巨量资料的另一种称呼。

有的学者认为，大数据其实指的是数据集。例如，邬贺铨院士认为："大数据是指其规模大到从中可以挖掘出符合事物发展规律的数据集。"又如，美国麦肯锡咨询公司曾这样描述大数据："大数据是指其大小超出了典型数据库软件的采集、储存、管理和分析等能力的数据集。"再如，EMC公司这样描述大数据："大数据用以描述那些呈指数增长，并且因太大、太原始或非结构化程度太高而无法使用关系数据库方法进行分析的数据集。"[①]

还有的学者认为，大数据不仅代表着数据的数量大或种类多，还包括那些无法使用传统软件工具进行捕捉、管理以及分析的数据。在有的定义中不仅指大数据的海量规模，还强调大数据的巨大价值，认为大数据是"当今社会所独有的新型能力：以一种前所未有的方式，通过对海量数据进行分析，获得有极大价值的产品和服务，或深刻的洞见"。

实际上，大数据不仅包括各种各样的数据，还包括数据的快速生成与处理，建立动态的数据体系等内容，是大容量、高速率、多变化的数据集，具有巨大的潜在价值，通过信息处理的创新形式促进理解和决策。

需要注意的是，大数据的概念和"海量数据"不同，更多强调的是大数据技术具有对数据进行专业处理以获得有价值信息的能力。

总之，大数据不仅是一种技术，还是一种思维方式，其通过对不同类型的数据进行分析从而做出科学的决策，让人们的工作、生活变得更加便捷、更有效率。

① 肖君．教育大数据 [M]. 上海：上海科学技术出版社，2020：4.

（二）大数据技术的价值

大数据技术的战略意义就是帮助人们做出正确的决策，对那些有意义的数据进行专业处理是其关键所在：通过对数据加工，可以有效帮助人们实施决策，具体体现在以下方面。

1. 提高数据处理效率和水平

大数据技术可以在短时间内对大量数据进行处理和分析，提高数据处理的效率和水平，在企业业务经营方面具有重要的作用和价值。例如，沃尔玛公司需要对 200 多万的客户交易数据进行分析，如果应用传统的数据分析技术需要 10 天左右的时间，但通过大数据技术进行分析仅需要 2 个多小时，极大地提高了企业的工作效率。

同时，大数据技术可以提升科研组织和企业组织对数据的处理效率，在短时间内对科研数据进行分析、挖掘、整理等，为科研创新提供技术支撑和数据支撑。同时，大数据技术催生出很多新的领域、岗位和商机。例如，一些 IT 企业抓住机遇成立了大数据专业公司，培养大数据分析师，主要对企业提供大数据管理和分析服务。

除此之外，大数据的作用还体现在政治等方面，可以帮助政府部门收集数据并进行数据处理，开启数据管理模式，提高政府部门的管理效率。

综上所述，大数据技术可以提高数据的处理效率和水平，并对各行各业的工作效率有所提升，未来大数据技术必将创造出巨大的价值。

2. 实现精准营销和个性化推荐

传统电商通常使用协同算法，重点在于不同产品之间的关联度，如白酒、花生这两个商品关联度很高，会向所有用户推荐这两个产品。大数据技术则不然，大数据技术重点在于个性化推荐，将人分为很多群体，每个群体推送的服务各不相同，通过场景和需求调动不同算法，计算和分析用户的真实需求，具有针对性和精准性。

基于大数据分析的结果比较精准，商家通过分析用户在网络上的消费行为，可以精准找到潜在用户。商家会通过大数据技术对来自不同平台的数据进行分析和挖掘，找到对应人群，开展个性化服务，其营销会更加依赖数据。

同理，在开发 Web 应用程序时可以应用大数据技术更好地掌握用户的浏览习惯，通过大数据技术分析用户对网站的信息需求、浏览习惯等，精准开发可以满足用户信息需求，符合用户浏览习惯的应用，进而为用户提供个性化服务，提高用户互联网的体验，这将会使得 Web 应用程序的开发更加高效和精准。

（三）大数据在开发 Java Web 应用程序中的作用

大数据是开发个性化网站的基石，是 Web 领域综合改革的科学力量，在开发 Java Web 应用程序中具有不可估量的作用和价值，主要体现在以下方面，如图 7-2 所示。

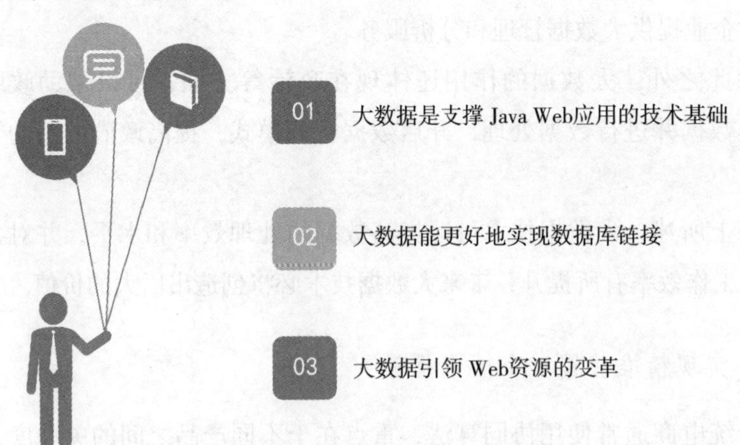

图 7-2 大数据对开发 Java Web 应用程序的作用和价值

1. 大数据是支撑 Java Web 应用的技术基础

大数据超量计算分析的技术特性、高速实时传输的网络特点是开发 Java Web 应用的技术基础和技术支撑，主要体现在以下几个方面：

首先，在大数据时代，一切事物都可以成为数据，而大数据技术具有强大的信息处理能力，可以对海量的数据进行高速处理，并获得具有较高价值的信息。因此，可以借助大数据技术高速的处理信息的能力，对内容高度聚合和高度智能化的信息进行处理，以获取具有实用性和适用性的信息资源，更好地建设和开发信息资源数据库。

其次，大数据技术可以进行信息分析测评和数据深入挖掘工作，及时获取用户对 Web 的诉求和要求。随着现代科技的发展，尤其是大数据技术的出现，信息生产主体和传输渠道发生了根本性改变，任何人可以随时随地将任何信息公开发布，使人们在第一时间获得第一手信息变得越来越便捷。大数据技术可以对定性信息数据进一步测评和深入挖掘，找到用户对 Web 浏览器和应用程序的痛点，进而有针对性地加以改善，开发出满足用户需求的 Web 应用程序。同时，大数据技术的数据深入挖掘能力可以帮助人们进行预测并提供建议：其不仅可以发展事物已有的规律，还可以根据规律预测发展趋势，进而为提高用户使用互联网的体验提供相关建议。

最后，大数据技术可以继续拆分内容至最小单位，实现微小信息和微内容之间的连接。大数据技术可以将分散于世界各地的信息有效连接起来，并形成数据产生、数据连接、数据共享的良性循环，使得 Web 应用程序的数据库功能更加强大。

2. 大数据能更好地实现数据库连接

为更好地实现数据库的连接，需要针对不同的数据库环境，利用关系数据库技术，根据关键字将很多小的数据库连接起来形成大的数据库，进而更好地对大量数据进行分析和统计。

在大数据环境下，很多数据集不再具有标识个体的关键字，因而传统的数据库连接方法显然不合适，需要探讨新的连接数据的方法。要实现这个目标，需做到以下几点：

（1）利用数据库之间的重叠项目，连接不同的数据库。

（2）利用变量之间条件的独立性，将多个不同变量集的数据整合为一个完整的变量集。

（3）直接利用局部数据推断结果，而不必整合多个数据库。

在开发 Web 应用程序时，往往需要 Web 程序在服务器端稳定运行，这就意味着 Web 应用程序需要连接大量数据库资源。为使不同的数据库更好地连接，可以借助大数据技术的帮忙，将这些数据库加以整合，最终为 Web 应用程序的运行提供信息和数据支撑。

3. 大数据引领 Web 资源的变革

大数据和 Web 资源的结合不断推动着 Web 资源的开发和利用，为 Web 资源的开发带来了新的思路。

首先，大数据技术可以通过分析大规模用户点击 Web 浏览器的行动轨迹，研究不同浏览器中客户端和服务器端请求和响应的速度和时间，包括用户等待响应的最佳时间、寻找 Web 资源的习惯和路径等，最终制定出具有针对性的 Web 资源。对单个个体来说，其行为数据似乎是杂乱无章的，但累积到一定程度（群体行为数据），将会呈现出一定的规律，这种规律可以有效弥补开发人员在整合 Web 资源方面的不足和局限。

其次，从技术层面来看，大数据技术将用户的感受加以量化，通过记录、采集、分析、挖掘和应用用户在浏览 Web 资源过程中产生的非结构数据，进而反映用户的喜好和习惯。

最后，从应用层面来看，大数据技术对用户整个浏览过程加以监测、跟踪和分析，有助于开发人员理解用户浏览的全过程，使得用户的需求和态度变得可视化，为开发全新的 Web 应用程序提供鲜活的素材，最终帮助开发人员从用户的需求出发改建和完善相关应用程序。

综上所述，大数据技术可以将 Web 资源加以调整和优化，进而推动 Web 资源的开发。在新的时代，云计算技术、物联网技术、基于前两者的大数据技术不断推动着 Web 资源的革新，使得用户可以体验越来越个性化的 Web 浏览体验。

二、和学校课程的结合

随着 Java Web 技术的发展，其代码会更加简单易懂，其开发应用程序的步骤会更加简便。

（一）Java Web 走进学生的课堂

目前，我国很多高校、研究机构和培训机构都开设了 Java Web 专业课程或研究 Java Web 技术，从事 Web 应用开发的专业人士越来越多。

Java Web 技术具有诸多优势，可以便捷地开发各种应用程序和构建 Web 门户网站，且 Java Web 的编程语言相对简单，开发架构清晰，即使是初高中学生也可以掌握。

1. 初高中课堂上的 Java Web

Java Web 技术走进初高中学生的课堂，学生在学校就可以学习相关的开发框架和编程语言，应用自身的创意去开发和创新相关的网站，体验 Java Web 技术的魅力。

课堂上的 Java Web 技术一定不会像传统学科那样是理论授课，这门课会偏向于实践，由教师讲解相关知识和案例，带学生一起探索和学习基础知识的应用，随后教师会将重点放在实践方面，由学生自己按照自己的想法和构思进行设计，几个人合作或独自完成应用程序的开发，这样的课堂氛围必然会激励学生进行创造，激发学生的编程兴趣和热情。

总之，当 Java Web 技术走进初高中课堂之后，学生就可以围绕 Java

Web 技术进行一系列实践和创新，每个学生都可以构思自己想要实现的管理系统或网站。尽管他们可能并不十分了解其中的原理，如 HTML 语言和 Java 语言的关系等，但这并不影响他们开发应用程序的热情，他们会按照自己的设想一步一步探索，直至开发出具有一定功能的应用程序。同时，教师应用 Java Web 技术激发学生的学习兴趣，提高学生的实践能力，将会有效促进学生的全面发展。

2. 大学课堂上的 Java Web

Java Web 技术和其他学科没有较大的壁垒，并不需要学生掌握算法、路径规划等纯理论知识。即使是毫无基础的学生，也可以掌握 Java Web 的用法。

因此，高校可以开设 Java Web 技术相关的选修课程，为对这方面感兴趣的学生提供学习的机会，使这些学生可以进一步学习 Java Web 基础知识和拓展知识，进而帮助这些学生在这一领域获得发展。

当 Java Web 技术走进大学课堂之后，大学生就可以利用自身已有的知识结构和理解能力，选择自己相对感兴趣的方面进行发展，进而提高自身的实践能力和开发应用程序的能力。

（二）Java Web 成为创新工具

现阶段，Java Web 技术已经相对成熟，并逐渐走进普通人的生活，即使非相关专业的人士，也有可能借助 Java Web 技术开发出新的应用程序。开发 Java Web 应用程序不再是专业人士的专利，其他人也可以尝试应用 Java Web 技术开发新的应用程序，这意味着将来 Java Web 技术会成为创新工具。

1. 开发全新的应用程序

对于对开发应用程序感兴趣的人来说，可以按照自身的设想和构思构建出一个应用程序的框架，随后应用 Java Web 技术在计算机上编写相关网页和系统，最终开发出相关的应用程序。

在这一过程中，人们可以充分发挥自己的想象能力和创新能力，设计出全新的应用程序，使之具有不同的功能和作用，进而使得应用程序和 Web 领域的内容越来越丰富。

2. 开发满足需求的应用程序

随着对互联网体验的提升，人们对应用程序的要求越来越高，对网站和用户的互动性标准也越来越高。

为满足自身的需求，人们可以自己设计和开发符合自身需求的应用程序和网站，并在其中加入创新想法。在这一过程中，Java Web 技术发挥着创新工具的作用，它仅是开发应用程序的工具，真正的主体是人，也就是说人人都可以开发应用程序，使之满足自己的需求。

参考文献

[1] 周继松，马权 . Java Web 应用开发 [M]. 重庆：重庆大学电子音像出版社，2020.

[2] 刘雅君 . Java Web 设计与应用教程 [M]. 西安：陕西科学技术出版社，2020.

[3] 毋建军 . Java Web 核心技术 [M]. 北京：北京邮电大学出版社，2015.

[4] 张丽 . Java Web 应用详解 [M]. 北京：北京邮电大学出版社，2015.

[5] 俞陈霄，赵旭，周世胜 . SAP Web Dynpro For JAVA 开发技术详解 [M]. 北京：机械工业出版社，2017.

[6] 于静 . Java Web 应用开发教程 [M].2 版 . 北京：北京邮电大学出版社，2017.

[7] 杨卫兵，王伟，邱焘，等 . Java Web 编程详解 [M]. 南京：东南大学出版社，2014.

[8] 王玲玲 .Web 前端开发与制作，HTML5+CSS3+JavaScript[M]. 北京：中国传媒大学出版社，2019.

[9] 刘启玉，余心杰，卢焕达 . Java Web 应用开发实践指导 [M]. 成都：电子科技大学出版社，2014.

[10] 天津滨海迅腾科技集团有限公司 . 基于 MVC 的 Java Web 项目实战 [M]. 天津：南开大学出版社，2017.

[11] 宋晏，谢永红 . Java Web 开发实用教程 [M]. 北京：机械工业出版社，2021.

[12] 马晓敏，姜远明，肖明，等 . Java 网络编程原理与 JSP Web 开发核心技术 [M]. 北京：中国铁道出版社，2010.

[13] 罗旋，李龙腾 . Java Web 项目开发实战 [M]. 武汉：华中科学技术大学出版社，2021.
[14] 柴慧敏 .Java Web 程序开发与分析 [M]. 西安：西安电子科技大学出版社，2015.
[15] 张琪 .Java Web 系统开发与实践 [M]. 上海：上海交通大学出版社，2015.
[16] 文斌 .Web 服务开发技术 [M]. 北京：国防工业出版社，2019.
[17] 黎才茂，邱钊，符发，等 . Java Web 开发技术与项目实战 [M]. 合肥：中国科学技术大学出版社，2016.
[18] 王海波，牛玉霞 .Java Web 应用开发与实践教程 [M]. 北京：中国环境出版社，2016.
[19] 徐俊武 .Java 语言程序设计与应用 [M]. 武汉：武汉理工大学出版社，2019.
[20] 郑刚，徐立新 . Java Web 程序设计 [M]. 合肥：合肥工业大学出版社，2013.
[21] 姜新华，高静 .Java Web 应用开发 [M]. 北京：北京航空航天大学出版社，2011.
[22] 杨磊 . 新手学 Java Web 开发 [M]. 北京：北京希望电子出版社，2010.
[23] 陈丁 . Java EE 程序设计教程 [M]. 西安：西安电子科技大学出版社，2018.
[24] 涂祥 .Java EE 应用开发实践教程 [M]. 成都：四川大学出版社，2019.
[25] 夏帮贵 .Java Web 开发完全掌握 [M]. 北京：中国铁道出版社，2011.
[26] 于静 .Java Web 应用开发教程 [M]. 北京：北京邮电大学出版社，2010.
[27] 舒红平，周定文，何嘉，等 .Web 数据库编程——Java[M]. 西安：西安电子科技大学出版社，2005.
[28] 扶松柏 .Java Web 编程新手自学手册 [M]. 北京：机械工业出版社，2012.
[29] ROBBINS J N. Web 前端工程师修炼之道 [M]. 刘红泉，译 . 北京：机械工业出版社，2020.
[30] 李俊青 .Java EE Web 开发与项目实战 [M]. 武汉：华中科技大学出版社，2011.
[31] 高雅荣 .JSP Web 技术及应用教程 [M]. 北京：中国铁道出版社，2019.
[32] 张振球 .Web 前端技术案例教程 [M]. 北京：北京理工大学出版社，2020.

[33] 桂占吉，李俊青 . Java EE Web 高级开发案例 [M]. 武汉：华中科技大学出版社，2010.
[34] 李宁 . 独门架构 Java Web 开发应用详解 [M]. 北京：中国铁道出版社，2010.
[35] 于静 .Java Web 应用开发实验指导 [M]. 北京：北京邮电大学出版社，2010.
[36] 徐建波 .Java Web 应用开发原理与技术 [M]. 长沙：国防科技大学出版社，2012.
[37] KALIN M. Java Web 服务构建与运行 [M]. 卢涛，李颖，译 .2 版 . 南京：东南大学出版社，2014.
[38] 李宁 .Java Web 开发速学宝典 [M]. 北京：中国铁道出版社，2009.
[39] 万李，程文志 .Web 技术应用基础 [M]. 北京：中国铁道出版社，2017.
[40] 马伟青 .Web 全栈开发进阶之路 [M]. 北京：北京航空航天大学出版社，2019.
[41] 臧文科 . Java 语言程序设计 [M]. 西安：西安交通大学出版社，2014.
[42] GULBRANSEN D. 用 Java 编写 Web 小应用程序 [M]. 曹道卿，哈勤和，译 . 杭州：浙江科学技术出版，1998.
[43] 李绪成，闫海珍，张阳，等 .Java Web 程序设计基础教程 [M]. 西安：西安电子科技大学出版社，2007.
[44] GIRDLEY M, JONES K A. 怎样用 JAVA 进行 Web 编程 [M]. 曹康，冯志强，李文彦，译 . 北京：人民邮电出版社，1997.
[45] 李燕燕 . 基于 MVC 框架的题库管理系统的设计与实现 [J]. 中国现代教育装备，2022（19）：16–18.
[46] 胡圣凯 . 基于 MVC 框架的企业外勤管理系统的设计 [J]. 软件，2022，43（7）：19–23.
[47] 刘毅 . 基于模型视图控制器（MVC）的体育教学系统设计 [J]. 无线互联科技，2022，19（13）：97–99.
[48] 杜成龙 . 基于 MVC 模式的三层架构研究 [J]. 软件，2022，43（6）：100–102.

[49] 罗梓汛，徐鹏，黄昕凯．基于 MVC 模式与 MySQL 的信息咨询服务系统设计与实现 [J]. 信息与电脑（理论版），2022，34（9）：184–188.

[50] 张术梅 .MVC 架构下网站的设计与实现思考 [J]. 信息记录材料，2022，23（1）：92–94.

[51] 岳小冰，剧雷鸣．应用 JavaScript 脚本语言实现电子政务网站 [J]. 电子技术与软件工程，2015（12）：13.

[52] 徐秀勤．浅谈关于 JavaScript 脚本语言的学习 [J]. 电子测试，2013（14）：175–176.

[53] 张光华．浅谈 Javascript 脚本语言在教学评价系统中的应用 [J]. 计算机光盘软件与应用，2012（11）：256.

[54] 王文辉．基于 JavaScript 的网页子窗口的创建 [J]. 今日科苑，2010，218（24）：60，62.

[55] 张云苑．JavaScript 在动态网页设计中的应用 [J]. 科技信息，2007（5）：23–24.

[56] 庄明．基于动态网页两种主要脚本语言的分析 [J]. 信息技术,2001（10）：29–30.

[57] 吴保平，张波．紧凑的、基于对象的脚本语言——JavaScript[J]. 中文信息学报，1998（3）：37–44.

[58] 赵前峰．ASP.NET MVC 框架与工作流技术在高校本科毕业论文管理系统中的研究和应用 [D]. 开封：河南大学，2018.

[59] 刘杰夫．基于 MVC 框架下的农业信息网络的开发 [D]. 南宁：广西大学，2017.

[60] 吕智彬．基于 MVC 框架的标准化制度管理系统的设计与开发 [D]. 北京：北京工业大学，2014.

[61] 赵前峰 .ASP.NET MVC 框架与工作流技术在高校本科毕业论文管理系统中的研究和应用 [D]. 开封：河南大学，2018.

[62] 郝鹏．基于 MVC 模式的研究生招生管理信息系统设计与实现 [D]. 北京：中国科学院大学（中国科学院工程管理与信息技术学院），2017.

[63] 熊炜 . 基于 MVC 模式的皮影网页游戏设计与实现 [D]. 杭州：浙江工业大学，2016.

[64] 梁加明 . 基于 Zend MVC 模式的网络应用开发实践 [D]. 广州：华南理工大学，2016.

[65] 谢强 . 基于 MVC 模式的物资管理系统的设计与实现 [D]. 兰州：兰州理工大学，2016.

[66] 姚腾辉 . 基于 MVC 模式的 WEB 前端开发研究与应用 [D]. 合肥：合肥工业大学，2016.